Siegfried Frohn
Fernsteuerungen im Schiffsmodell

Ein Leitfaden für Einsteiger

Fernsteuerungen im Schiffsmodell

Ein Leitfaden für Einsteiger

Siegfried Frohn

Verlag für Technik und Handwerk
Baden-Baden

 Fachbuch

Best.-Nr.: 310.2154

Redaktion: Peter Hebbeker/Oliver Bothmann

Bibliografische Information Der Deutschen Bibliothek
Die Deutsche Bibliothek verzeichnet diese Publikation in der Deutschen
Nationalbibliografie; detaillierte bibliografische Daten sind im Internet
über http://dnb.ddb.de abrufbar.

ISBN 3-88180-754-3

Printed in Germany
Druck: WAZ-Druck, Duisburg

4

Inhaltsverzeichnis

Über den Autor

Vor etwa fünf Jahrzehnten drängte es den Autor an das elektrische Licht der Welt. Klar, dass er zu dieser Zeit noch nichts von Modellbau wusste, doch das sollte sich schnell ändern. Bei Spaziergängen durch die Felder und zum nahe gelegenen Weiher sah er ferngesteuerte Flugmodelle und Schiffe und liebäugelte ebenfalls mit diesem höchst interessanten, doch damals noch sehr teuren Hobby.

Vor rund 40 Jahren entdeckte sein damaliger Schuldirektor, damals selbst schon ein sehr erfahrener Modellbauer, in ihm das starke Interesse am Schiffsmodellbau und förderte sein Talent.

Nach ersten Schritten auf diesem Gebiet folgte in der weiteren Schulzeit unter Anleitung und Mithilfe seines Vaters der Bau des schwimmfähigen und fernlenkbaren Seenotrettungskreuzers „Theodor Heuss" mit dem

selbstfahrenden Beiboot „Tedje". Im Laufe der nächsten Jahre wurden weitere Modelle gebaut, die damals schon mit Licht und den ersten Proportionalanlagen ausgestattet wurden, auch wenn zu dieser Zeit die Sonderfunktionen noch mit der Hand im Modell eingeschaltet wurden. Bei sämtlichen Urlaubsreisen im Inland sowie in Österreich und der Schweiz wurde immer eines dieser Modelle mitgenommen und erfreute so nicht nur den Erbauer.

Vor etwa 30 Jahren begann der Autor dann mit dem Sonderfunktionsmodellbau. Zu dieser Zeit wurde mit Radarmotoren und tanzenden Figuren an Deck experimentiert. Die Positionslampen und Scheinwerfer wurden schon per Fernsteuerung bedient. Auch wurde schon der erste, halbwegs erschwingliche Walkman ins Modell eingebaut. Auf Musikkassette wurden Geräusche während eines Hafenbesuchs und von der Schallplatte aufgenommen und abgespielt. Nun waren auch Nebelhorn, Sirene und eine Ankerwinde zu hören. Als dann die ersten Soundmodule angeboten wurden, wurde der Walkman weiterhin im Modell belassen, und so hörte man auf den Fahrgastschiffen auch schon mal tolle Wein- und Schunkellieder.

Nachdem eines seiner größten Modelle dann mit den unterschiedlichsten Sonderfunktionen fast voll gestopft war, reifte irgendwann der Gedanke, an einer Meisterschaft teilzunehmen. Dies war vor etwa zehn Jahren.

Damals entstand dann auch das erste Multifunktionsmodell mit etwa 50 verschiedenen Sonderfunktionen. Nach der erfolgreichen Teilnahme an der Deutschen Meisterschaft 1998 und der Weltmeisterschaft 1999 machte es sich der Autor zur Aufgabe, sein bis dahin erlangtes Wissen, auch anderen Modellbauern zu vermitteln. Er schrieb seit dieser Zeit zahlreiche Berichte in der Fachzeitschrift MODELLWERFT und gab so seine umfangreiche Sachkenntnis im Modellbau sowie Tipps & Tricks an andere Liebhaber von Schiffsmodellen gerne weiter.

Die von den Lesern gut aufgenommenen Artikel und der Zuspruch vieler versierter Modellbauer ermunterten den Autor schließlich dazu, auch dieses Buch über den Einsatz von RC-Anlagen in Schiffsmodellen zu schreiben.

Folgende Bücher von Siegfried Frohn sind bereits im VTH erschienen:

- Sonderfunktionen auf Schiffsmodellen.
  100 Ideen – und wie man sie verwirklicht.
  VTH Best.-Nr. 310 2128,
  ISBN 3-88180-728-4
- Elektrik für Schiffsmodellbauer.
  VTH Best.-Nr. 310 2144,
  ISBN 3-88180-744-6
- Tipps und Tricks für Schiffsmodellbauer.
  VTH Best.-Nr. 310 2150,
  ISBN 3-88180-750-0

1. Vorwort

Verehrte Leserin, verehrter Leser,

dieses Buch ist bewusst für Einsteiger und Wissenshungrige auf dem Gebiet Fernsteuerungen im Schiffsmodellbau geschrieben. Es wendet sich besonders an Neueinsteiger in Sachen Schiffsmodellbau und besonders an alle diejenigen, die sich mit dem Kauf ihrer ersten Fernsteuerungsanlage beschäftigen.

Wer noch nicht weiß, worauf er bei der Auswahl einer Fernsteuerungsanlage zu achten hat, wird in diesem Buch die Antworten erhalten.

Vor etwa 40 Jahren begann ich selbst mit dem Modellbau. Zu dieser Zeit war man stolz eine so genannte Tipp-Tipp-Anlage zu besitzen. Vereinfacht ausgedrückt, musste man acht Mal den Steuerknüppel „antippen", um einen Kreis zu fahren, bzw. mit dem Flugzeug zu fliegen. Die Servos fuhren also nach jeder „Tipp"-Bewegung selbständig wieder in die Mittelstellung zurück. Die Freude über die erste Proportionalanlage kann nur noch jemand verstehen, der auch zu dieser Zeit schon unserem tollen Hobby nachging. Und nun gibt es aufgrund der immer schnelllebigeren Zeit sowie der hervorragenden Weiterentwicklung in Sachen Elektronik schon die dritte Generation von Fernsteuerungsanlagen: die mikrocomputergesteuerten Fernsteuerungsanlagen.

So haben sich die Fernsteuerungsanlagen in den letzten Jahrzehnten immer wieder verändert. Gerade in jüngster Zeit, wo die Elektronik immer wieder neue Türen öffnet, werden die Anlagen kleiner, leichter, ausbaufähiger aber für den einen oder anderen Modellbaukollegen auch unübersichtlicher. Die Elektronik erschreckt auch schon einmal einen Einsteiger, da selbst für eine Bedienungsanleitung oftmals ein Englisch-Wörterbuch und eine Übersetzung von „Fachchinesisch" in „verständliche Sprache" vorliegen muss. Da beides oft fehlt, schließt dieses Buch die Lücke. Es enthält ein Wörterbuch für Schiffsmodellbauer, in dem zentrale Begriffe aus dem Bereich Fernsteuerungsanlagen – also Sender und Empfangseinheit – ausführlich erklärt werden. Eine alphabetische Sortierung ermöglicht das schnelle Suchen bestimmter Begriffe.

Gerade dem Einsteiger auf dem Gebiet der fernlenkbaren Schiffsmodelle stellen sich sehr viele Fragen, die nicht in jedem Fachbuch oder Bericht ausführlich bzw. für Laien auch verständlich erklärt werden. Deshalb beginnen viele Abschnitte dieses Buches mit einer von Neulingen auf diesem Gebiet oft gestellten Frage. Nachfolgend wird dann diese Fragestellung mit allgemein verständlichen Begriffen ausführlich beantwortet. Viele Fotos unterstützen den erklärenden Text. Ebenfalls werden Tipps und Tricks weitergegeben und viele Dinge erläutert, die man sich sonst erst nach vielen Jahren der Modellbaupraxis aneignet. So werden die grundlegendsten Fragen hier in diesem Buch gestellt und direkt und ausführlich erklärt. Über 170 Bilder und Zeichnungen illustrieren die Beschreibungen und vermitteln so auch dem Einsteiger einen Überblick über das Angebot und erleichtern somit auch das Verständnis.

Schritt für Schritt wird hier jedes Detail einer Fernsteuerungsanlage mit allen ihren Komponenten verständlich erklärt. Dieses Buch soll die Scheu vor der Elektronik nehmen und zum Tüfteln, Weiterforschen und Selbermachen anregen. Es gibt nichts, was selbst der größte Skeptiker mit den sprichwörtlichen zwei linken Händen nicht lernen könnte. Mit dem hier vermittelten Fachwissen wird ein Neuling auf dem Gebiet der Fernsteuerungsanlagen schnell zum Kenner der Materie und kann dadurch viel Lehrgeld sparen.

Hier sind gerade für den Anfänger sehr viele Punkte wichtig, die er unbedingt beachten sollte. Da gibt es sehr viele gut aussehende Fernsteuerungsanlagen, die auf den Hochglanzseiten der Hersteller viele Ausbauvarianten zeigen. Nur, braucht man diese auch? Und kann man dieses Ausbauzubehör überhaupt im Schiffsmodellbau einsetzen? Dies ist schon die wichtigste Frage! Denn nicht alle Fernsteuerungssender, die total ausgebaut sind, sind zweckmäßig bzw. für den Einsatz in jeder Modellbausparte konzipiert. Die allermeisten Ausbauelemente wurden für die Kollegen der Lüfte – also für Flugzeug- und Helikopterpiloten – entwickelt.

Da ich mit diesem Buch hauptsächlich Schiffsmodellbauer ansprechen möchte, werde ich deshalb hier nur diejenigen Kanal- und Funktionsmodule vorstellen, die wirklich für einen Schiffsmodellkapitän brauchbar sind.

Ein weiterer Punkt behandelt den Erwerb von gebrauchten Anlagen, z. B. im Internet-Auktionshaus ebay. Gleich im ersten Kapitel des Buches werden ältere Fernsteuerungen vorgestellt. Diese Anlagen waren in den letzten Jahren bei vielen Modellbauern „der Renner" oder zumindest die zweckmäßigs-te Anlage ihrer Zeit. Da diese Anlagen gut waren und auch heute noch gut sind, werden sie weiterhin an den meisten Fahrgewässern erfolgreich eingesetzt. Natürlich gibt es auch Modellbauer, die es mit Fernsteuerungen genauso handhaben, wie mit fast allen anderen Elektrogeräten auch – sie kaufen jedes neue Gerät. Aus diesem Grund finden sich auch viele Angebote oftmals wenig gebrauchter Anlagen zu günstigen Preisen, z. B. in den Kleinanzeigen der Fachzeitschriften oder eben bei ebay. Dort werden ältere Anlagen zu einem günstigen Preis meist in gut ausgebauter Version angeboten. Für Anfänger, die neben den normalen Fahrfunktionen nur noch eine Beleuchtung oder beispielsweise ein Nebelhorn einschalten wollen, reichen diese Fernsteuerungen in jedem Fall. Auch Modellbauer, die heute noch nicht genau wissen, wie viele Sonderfunktionen sie mit der Zeit in ein Modell einbauen, sind mit einer älteren, ausgebauten Anlage ausreichend ausgerüstet. Es muss nicht immer die teuerste und neueste Anlage sein.

Aber man sollte auch nicht die Vorteile einer neuen Fernsteuerungsanlage übersehen. Sie werden meist kleiner und leichter und verfügen dennoch über mehr Funktionen und Möglichkeiten als ihre Vorgänger. Diese Anlagen genügen dann im voll ausgebauten Zustand auch Modellbauern, die sich dem Funktionsmodellbau total verschrieben haben und ermöglichen es, fast jedes Teil am Schiffsmodell irgendwie in Betrieb zu setzen. Bei langjährigen Profis in Sachen Funktionsmodellbau kommen da schon einmal 30 bis 50 schaltbare Funktionen in einem Modell zusammen, die alle getrennt und überschaubar per Fernsteuerung bedient werden wollen!

Anhand einer einsteigerfreundlichen Mikrocomputer-Anlage für den Schiffsmodellbau wird der Ausbau eines erweiterbaren 4-Kanal-Fernsteuerungssenders in allen Einzelheiten erklärt und mit vielen Fotos verständlich gemacht. Dies macht den Ausbau einer Fernsteuerung auch für den Einsteiger kinderleicht. Durch die Begriffserklärung sowie die schrittweise Inbetriebnahme der RC-Anlage fällt es dann auch leicht, eine andere Fernsteuerung als die hier beschriebene aus- und umzubauen.

Anschließend wird eine einfache 2-Kanal-Anlage mit Pistolengriff vorgestellt. Sie wird gerne von Jugendlichen und Rennbootfahrern eingesetzt.

In diesem Buch werden alle Teile, die für eine zweckmäßige Fernsteuerungsanlage wirklich benötigt werden, ausführlich und verständlich vorgestellt. Des Weiteren wird der Einbau dieser Teile in ein Schiffsmodell auch für den Einsteiger verständlich erklärt.

Wenn hier später einzelne Systeme oder Produkte vorgestellt werden, können die Leser davon ausgehen, dass die Aussagen in den allermeisten Fällen herstellerübergreifend gelten. Ganz wenige Kompatibilitätsabweichungen treten auf und werden dann auch genannt. Für diese Fälle existiert jedoch meist ein Adapter, der es ermöglicht, Komponenten unterschiedlicher Hersteller preiswert und schnell aneinander anzugleichen. Wenn

in diesem Buch von Trends und über Jahre vollzogene Wechsel eines Produktherstellers oder einer bestimmten Marke geschrieben wird, so entstammen diese Aussagen den über viele Jahrzehnte selbst gemachten Erfahrung, verbunden mit den Erlebnissen in dem von mir geleiteten Verein sowie vielen Fachgesprächen auf Messen, Ausstellungen und Wettbewerben mit Modellbaukollegen, Verkäufern und Herstellern.

Einsteiger auf dem Gebiet des Schiffsmodellbaus werden dieses Buch schnell zu schätzen wissen, da es in leicht verständlicher Sprache geschrieben und nicht mit Fremdwörtern gespickt ist. Alle relevanten Begriffe und Fachausdrücke die zur Beschreibung der Funktionen der Komponenten und des Einbaus der RC-Anlage benötigt werden, werden genannt, allgemeinverständlich erläutert und mit vielen Fotos hinterlegt erklärt.

Damit ist dieses Buch eine große Hilfe für alle, die sich für unser abwechslungsreiches und anspruchsvolles Hobby interessieren.

Siegfried Frohn

2. Die Fernsteuerung

2.1. Grundlagen und Grundfunktionen

Welche Fernsteuerung sollte gekauft werden?

Die Beantwortung dieser Frage muss genau überlegt werden, da gerade die Teile, die bei einer Fernsteuerungsanlage zur Grundausstattung gehören, am Anfang ganz nett zu Buche schlagen. Fernsteuerungsanlagen werden häufig auch RC-Anlagen genannt. RC steht im Englischen für Radio Control, was zu deutsch Funkfernsteuerung bedeutet. Was alles zur so genannten Grundausstattung einer RC-Anlage gehört und welche Komponenten in welcher Anzahl benötigt werden, wird in den nachfolgenden Abschnitten Schritt für Schritt erklärt.

Eine moderne Funkfernsteuerung für Schiffsmodellbauer besteht heutzutage immer aus den gleichen Komponenten. Wie zuvor schon erwähnt, werden hier nur Fernsteuerungen und Ausbaumodule (Erweiterungen für mehr schaltbare Funktionen) beschrieben, die für die Sparte Schiffsmodellbau geeignet sind. An weiteren Stellen in diesem Buch wird gelegentlich darauf hingewiesen, dass einige RC-Anlagen sich zwar besonders gut für Flugzeug- und Helikoptermodelle eignen, aber für unsere Zwecke schlichtweg zu teuer und teilweise auch unbrauchbar sind.

Um nun die obige Frage beantworten zu können, sollen zuerst die nachfolgenden Ausführungen einen weiteren Überblick verschaffen. Hier werden zuerst einmal viele weitere Gesichtspunkte erklärt, die dann zusammen eine umfassende Übersicht bieten und dann auch bis zur Kaufberatung reichen.

Woraus besteht eine Fernsteuerungsanlage?

Als erstes Teil wird hier normalerweise der Sender genannt. Von ihm aus gehen die Befehle/Signale, die der Skipper über den Knüppel, Schiebe- oder Kippschalter eingibt, per drahtloser Übertragung (Funk) über die Senderantenne zur Empfangsantenne und somit zum Empfänger. Hierzu muss im Sender ein HF-Teil, das für den Sendebereich zuständig ist, eingebaut sein. Der Empfänger muss im selben Frequenzband empfangen können wie der Sender sendet. Für Schiffsmodellbauer kommt neben dem 27-MHz-Band heute zunehmend das 40-MHz-Band in Frage. Auch hierzu wird weiter unten noch ausführlich berichtet werden. Damit der Empfänger die Signale des Senders empfangen kann, muss sowohl im Sender wie auch im Empfänger ein Quarz mit der gleichen Kanalnummer eingesteckt sein. Zum Kanalwechsel dienen Steckquarze, die ebenfalls weiter unten beschrieben werden.

Damit beide Geräte funktionieren, müssen sie natürlich mit Strom versorgt werden. Aus diesem Grund sind im Innern des Sendergehäuses Batteriehalter untergebracht, in die aus Kostengründen am besten wieder-aufladbare Batterien, also Akkus, eingelegt werden. Für die Empfängerstromversorgung gibt es wiederum separate Akkuhalter. Die allermeisten Sender werden heute mit 9,6 Volt betrieben, die Empfangsanlage mit 4,8 bis 6,0 Volt. Hierbei gibt es jedoch immer wieder Ausnahmen, aber die sollten uns hier gar nicht stören, da dies in jeder Bedienungsanleitung separat aufgeführt ist, bzw. man beim Kauf im Fachhandel darauf hingewiesen wird. An der Akkuhalterung für die Empfängerstrom-versorgung befindet sich ein Kabel mit einem für den Empfänger passenden Stecker, der im Empfänger an einer besonders markierten Buchse eingesteckt wird.

Was bedeutet die Zahl vor der Kanalangabe bei Sendern, z. B. 2-Kanal-Anlage?

Bei den Fernsteuerungsanlagen wird angege-ben, wie viele Funktionen man mit der jewei-ligen Anlage betätigen kann. Eine Funktion wird wie ein Kanal gezählt. Somit ist die Mo-torfunktion vor und zurück eine Funktion des Modells. Damit wäre schon einmal ein Ka-nal vergeben. Die zweite Funktion ist in den allermeisten Fällen das Schiffsruder für die Rechts- und Linkskurven. Die zweite Funkti-on belegt somit den zweiten Kanal. Das heißt: Für diese beiden Grundfunktionen benötige ich (mindestens) eine 2-Kanal-Anlage.

Bei einer 2-Kanal-Anlage können also nur zwei Geräte angeschlossen werden. Diese Geräte werden unter dem Begriff „periphere Geräte" zusammengefasst. Es sind für den Anfang ein Servo (für die Ruderbewegung) und ein Fahrtregler (für den Motorantrieb). Wie schon erwähnt, handelt es sich bei diesen beiden Funktionen um die Grundfunktionen einer RC-Anlage.

Wie schließe ich das Servo an den Empfänger an?

Am Servo befindet sich ein Kabel mit einem Stecker, der zum Empfänger (des gleichen Herstellers) passt. Wenn nun bei eingeschalte-tem Sender und Empfänger der Steuerknüppel am Sender bewegt wird, bewegt sich auch das Servo in der gleichen Art. Die den Knüppelbe-wegungen folgenden Ausschläge des Servos werden zum Kurshalten und Kurvenfahren benötigt.

Wie verbinde ich den Fahrtregler mit dem Empfänger, dem Fahrakku und dem Motor?

Nun wird noch der Fahrtregler mit seinem An-schlusskabel in den Empfänger eingesteckt. Hier gibt es nun verschiedenste Typen. Die einen sind sofort (nach dem Verbinden der Akku-, Motor- und Servoverbindungskabel) einsatzfähig, die anderen müssen zuerst noch auf die neue Fernsteuerungsanlage (durch Ein-stellung der Neutralstellung bzw. des Steuer-knüppelausschlagweges) eingestellt werden. Oftmals muss auch nur, nachdem der Steu-erknüppel am Sender in der Neutralstellung (inklusive des Trimmhebels) gebracht wurde, am Fahrtregler ein Resetknopf (Rückstellung auf die Werkseinstellungen) betätigt werden. Schon ist die Eingabe beendet. Jüngere Leser, die sich mit Computerspiele befassen, ken-nen sicherlich die Kalibrierung (Mitten- und Ausschlagseinstellung) eines Joysticks. Etwas anderes ist das Einstellen eines Fahrtreglers auch nicht und kann somit auch beim Wech-sel zu einer anderen Fernsteuerung jederzeit wiederholt werden.

In jedem Fall muss der Fahrtregler mit dem Fahrmotor (meist zwei gleichfarbige Kabel, da die Drehrichtung auch am Mo-tor selbst noch festgelegt werden kann) und der Stromquelle (rotes und schwarzes Kabel für Plus- und Minuspol) verbunden werden. Hierbei muss darauf geachtet werden, dass beim Anschluss am Akku die Kabel nicht vertauscht werden.

Diese Arbeit geschieht vorerst bei ausge-schalteter Sende- und Empfangsanlage! Am Fahrtregler selbst befinden sich nun neben dem Fernsteuerungskabel für die Empfänger-

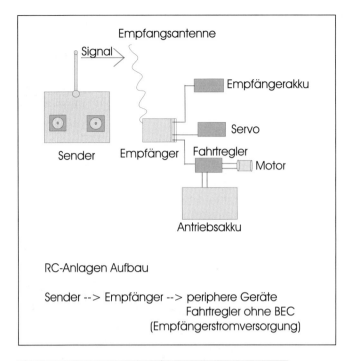

RC-Anlagen Aufbau

Sender --> Empfänger --> periphere Geräte
Fahrtregler ohne BEC
(Empfängerstromversorgung)

Der schematische Aufbau einer 2-Kanal-Anlage für die Grundfunktionen

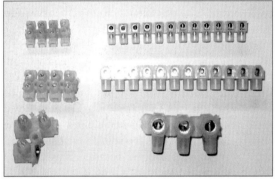

Verschiedene Lüsterklemmen

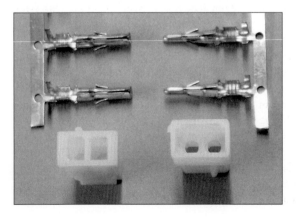

Die Einzelteile einer AMP-Steckverbindung

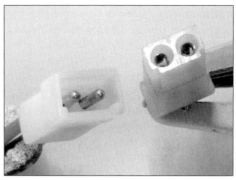

Verpolungssichere AMP-Steckverbindung

Chinch- und Lautsprecherstecker und -buchsen sind zweipolig

Anschluss eines Fahrtreglers ohne BEC mit Lüsterklemmen. In der rechten Plus-zuleitung ist eine Sicherungshalterung zu sehen. Die Sicherung soll den Fahrtregler bei zu hoher Belastung vor dem Zerstören schützen. Bei einem 20-Ampere-Fahrtreg-ler wird beispielsweise eine mittelschnell ansprechende Sicherung von 15 Ampere eingebaut ▶

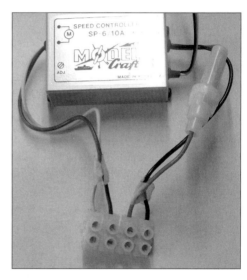

verbindung noch vier weitere Kabel. Das sind in der Regel ein schwarzes oder blaues Kabel (Akku-Minuspol), ein rotes Kabel (Akku-Pluspol) und meist zwei gleichfarbige Kabel, die für die Motoransteuerung zuständig sind. Der entstörte Antriebsmotor (zur Entstörung von Elektromotoren siehe Kapitel 11) wird nun mit den beiden gleichfarbigen Motorka-beln verbunden. Hier ist es dem tüftelnden Modellbauer überlassen, zu welcher Verbin-dungsart er sich entschließt. In jedem Fall aber sollten die Litzenkabel an ihren Enden mit einem Lötkolben und Lötzinn verzinnt werden! Ob spezielle zweipolige, verpolungs-

sichere Steckertypen wie beispielsweise AMP, Chinch- oder Lautsprecherstecker eingebaut werden, oder ob die optisch zwar nicht feins-te, jedoch wohl preiswerteste und schnellste Lösung mit Lüsterklemmen angewendet wird, bleibt jedem selbst überlassen.

Für den Anfang schlage ich jedoch einfach einmal einen Test mit normalen Lüsterklem-men vor. Damit nachher nicht allzu viele Dräh-te quer und übereinander liegen, schneidet man von einer Klemmreihe vier Reihenpaare ab. Wer nun ganz sicher gehen will, markiert ein Klemmenpaar mit roter Farbe (Edding-stift) und ein weiteres Lüsterklemmenpaar mit schwarzer Farbe. Bei einem Klemmenpaar sind die beiden Anschlussmöglichkeiten hintereinander angebracht. Sie bilden somit eine Kabelverlängerung mittels Schraubverbindung. Die markierten Pole dienen nun dem Anschluss an die Stromquelle.

Nun werden die beiden meist gleichfarbigen Kabel für den Motoranschluss des Reglers in die nicht markierten Lüsterklemmanschlüsse eingesteckt und befestigt. In die danebenliegenden zwei Anschlussbuchsen werden das rote und das schwarze Kabel des Fahrtreglers eingeschoben und festgedreht. Die beiden Anschlusskabel des Motors werden nun entsprechend auf der anderen Seite der Lüsterklemme angeschlossen. Hierbei ist noch unerheblich, welches der beiden Motorkabel mit welchem Lüsterklemmenanschluss verbunden wird, nur nicht mit dem roten oder schwarzen Kabel! Nun werden noch zwei Zuleitungen vom Fahrakku mit den restlichen beiden Lüsterklemmplätzen verbunden. Hier ist nun in jedem Fall die Einhaltung der Farben bzw. der Pole zu beachten! (Rot = Plus und Schwarz = Minus) Ein Vertauschen der Polarität heißt Kurzschluss und führt unweigerlich zur Zerstörung des Fahrtreglers! Dieses Lehrgeld sollte man sich sparen! Aus

diesem Grunde heißt unser Motto: Wer langsam schraubt, kommt schneller ans Ziel. Mit anderen Worten: Wer sich bei der Arbeit konzentriert und mit Bedacht arbeitet, versteht die Zusammenhänge früher und vermeidet viele Fehler. Die Suche sowie die Schadensbegrenzung oder sogar Schadensbehebung ist sicherlich zeit- und kostenaufwendiger.

In den letzten Jahren haben sich Fahrtregler mit BEC-System immer mehr durchgesetzt. Bei diesem Typ wird der Empfängerstrom aus dem Antriebsakku genommen. Dies regelt der Fahrtregler automatisch. Er gibt, egal ob 6 V, 7,2 V, 8,4 V, 9,6 V oder 12 V für den Fahrmotor am Fahrtregler anliegen, immer eine konstante Spannung (maximal 6 V) an den Empfänger ab. Sollte ein BEC-System eingesetzt werden, darf in keinem Fall noch eine eigene Spannungsquelle für den Empfänger angeschlossen werden!

Was ist beim Verlegen der Empfängerantenne zu beachten?
Die Empfangsantenne nimmt die vom Sender abgestrahlten Befehle für die weitere Bearbeitung im Empfänger auf. Ihre Länge ist herstellerbedingt unterschiedlich und ist in jedem Fall beizubehalten. Eine Empfängeran-

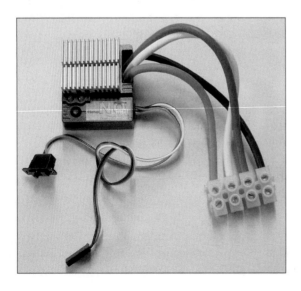

Ein Lüsterklemmenanschluss bei einem Fahrtregler mit BEC. Am Gehäuserand unten links ist der Einstellknopf für die Feineinstellung (Kalibrierung) des Fahrtreglers zu sehen

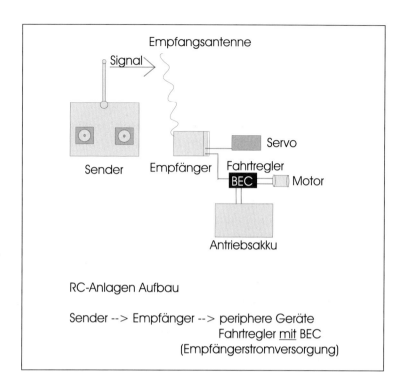

Aus dieser Zeichnung ist der Aufbau einer 2-Kanal-Anlage mit BEC-System zu ersehen. Auf die separate Empfängerstrom-quelle kann ver-zichtet werden. Dies spart Platz und Gewicht im Modell und dem Modellskipper Geld

tenne ist auf kürzestem Weg aus dem Modell zu führen und senkrecht zu montieren. Die Antenne ist ein Teil der Empfangsanlage, die HF-Schwingungen aus der Atmosphäre auf-nimmt und in leitungsgebundene HF-Schwin-gungen umwandelt. Die Empfangsantenne ist ein schwingungsfähiges Gebilde, das genau auf den Empfängereingang abgestimmt ist. Die Länge der Empfangsantenne ist unbedingt in der vom Hersteller angegebenen Länge zu belassen! Das heißt, wer das Antennen-kabel im Modell kürzt, muss beispielsweise ein diesem Längenmaß entsprechendes Stück Stahldraht als Antennenverlängerung auf dem Deck befestigen. Eine Abweichung der An-tennenlänge von den Herstellerangaben kann Reichweitenprobleme und Störungen zur Fol-ge haben!

Wozu dient der Empfänger?

Vereinfacht ausgedrückt werden die Signale des Fernsteuersenders, die über die Empfangs-antenne zum Empfänger gelangen, wieder in Impulse umgeformt, die dann an den jeweili-gen Kanalausgängen für die peripheren Geräte (beispielsweise Ruderservo und Fahrtregler) zur Verfügung gestellt werden. Er gibt also alle Senderbefehle weiter an aufgeschaltete (eingesteckte) Geräte. Im schlimmsten Fall jedoch werden auch schon einmal Störim-pulse, also Befehle, die nicht von der eigenen Sendeanlage abgestrahlt werden, empfangen und führen dann letztendlich im Modell zu Servozittern oder Vollausschlägen bei Rudern und Fahrtreglern. Auch kann es zu unkon-trollierbaren Schaltimpulsen bei Decodern kommen. Hier sollte so schnell wie möglich das Schiffsmodell vom Wasser geholt und die Empfangsanlage ausgeschaltet werden! Die Ursachen sind vielfältig. Im günstigsten Fall waren es „Fremdstörungen" und das Modell kann nach kurzer Zeit wieder eingeschaltet und zu Wasser gelassen werden. Sollten es je-doch „hausgemachte Störungen" sein, kommt man nicht umhin, den Grund gewissenhaft zu suchen.

Wie wird der Empfänger befestigt?

Besitzer eines Baukastenmodells müssen sich hierüber meist keine Gedanken machen, da ihnen dies meist in der Bauanleitung bzw. im Bauplan erklärt wird. Oftmals haben Hersteller da ihre ganz besonderen Vorstellungen, die meist auch vom jeweiligen Modell und Platzangebot abhängen. In veralteten Baukästen sind immer noch Holzleisten zu finden, die auf dem RC-Montagebrett rund um den Empfänger geklebt werden. Andere Hersteller haben Halbschalen aus Kunststoff, die nach Plan einzubauen sind.

Generell kann man jedoch sagen, dass es vollkommen ausreicht, den Empfänger mit doppelseitigem Klebeband im Rumpf zu fixieren. Eine weitere gute Wahl bei der Befestigung sind auch die selbstklebenden Klettbänder.

Nach jahrelanger Erfahrung rate ich allen Modellbaukollegen, den Empfänger an einer höher gelegenen Position zu montieren. Da der Empfänger bekanntlich das Herzstück der RC-Empfangsanlage ist, sollte man ihn vor

Selbstklebende Moosgummimatte

eindringendem Wasser gut schützen! Wer sich für Rennboote oder andere schnelle Boote interessiert, sollte den Empfänger mit Moosgummi ummanteln und ihn in einer wasserdichten Box unterbringen.

Wer für eine wasserdichte Box keinen Platz im Modell haben sollte, aber trotzdem seinen Empfänger gegen überkommendes bzw. eindringendes Wasser schützen will, kann einfach, nachdem alle Kabel eingesteckt wurden, einen Luftballon über den Empfänger ziehen. Die Öffnung kann mit einem Gummiband zugezogen oder mit einem Tropfen Silikon verschlossen werden.

Was ist ein Servo und wie arbeitet es?

Servo ist die gebräuchliche Abkürzung für Servomaschine. Vor über 20 Jahren nannte man ein Servo noch Rudermaschine. Das Gerät selbst wird mit dem am Servokabel befindlichen Stecker mit dem Empfänger verbunden. Von diesem erhält es die Steuerbefehle des Senders. Auf dem Servo befindet sich eine Drehscheibe oder ein Arm, die bzw. der wiederum über ein Gestänge ein Ruder bewegt.

Ein Servo hat im Modell bzw. innerhalb einer RC-Anlage die Aufgabe, den Kommandoimpuls proportional in mechanische Arbeit umzuwandeln. Zu diesem Zweck enthält das Servo folgende Funktionsgruppen: Den Servoverstärker und den Servomotor. Der Servomotor erzeugt die mechanische Kraft, die, mit dem Servogetriebe untersetzt, die Stellkraft ergibt. Das Servopotentiometer liefert für den als Regelverstärker arbeitenden Servoverstärker den Istwert, der von diesem mit dem Sollwert des Kanalimpulses verglichen wird. Tritt entsprechend einem Steuerkommando in Form einer Impulslängenänderung eine Abweichung ein, so läuft der Servomotor und verstellt über das Servogetriebe das Servopotentiometer, bis Soll- und Istwert wieder übereinstimmen. Somit erfolgt die Servostellung genau proportional zu der Steuerknüppelstellung am Sender.

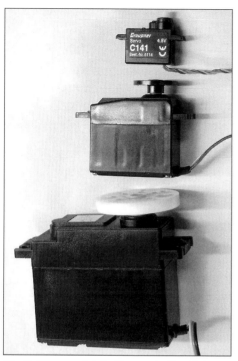

Ein Größenvergleich: Unten ein Hochleistungsservo im so genannten Quarter-Scale-Format, in der Mitte ein preiswertes Standardservo und oben ein Mikroservo

Je nach Anwendungsbereich sind Stellweg, Stellkraft und die Stellzeit verschieden. Damit das Servo keine Regelschwingungen ausführt, sind eine Dämpfung und ein Totbereich erforderlich, um den sich die Kommandoimpulslänge ändern kann, ohne dass das Servo anläuft. Totbereich, Präzision des Servoverstärkers, Servogetriebe und Servopotentiometer bestimmen den kleinstmöglichen, als Auflösung bezeichneten Stellweg.

Aus diesem Grunde werden je nach Anwendung und geforderter Stellkraft, -zeit und -weg in Form und Größe unterschiedliche Servos hergestellt. Mikroservos sind für kleinste und leichte Modelle oder filigrane Sonderfunktionen konstruiert. Standardservos sind für universelle Anwendungen vorgesehen. Bei schweren Großmodellen werden für die Ru-

der Hochleistungsservos eingesetzt, die über Metall-Doppelkugellager und -Zahnräder verfügen. Bei ganz großen Modellen mit dementsprechend proportionierten Rudern muss für die Erreichung der benötigten Stellkraft auch schon einmal ein zweites Servo angeschlossen werden. Dies geschieht mit einem Y-Kabel. Im Empfängerausgang wird im Kanal für das Ruderservo ein Y-Kabel eingesteckt. An den beiden abgehenden Kabeln werden nun zwei Servos parallel angeschlossen. Die Servos werden dann so eingebaut, dass eines über ein Gestänge das Ruder zieht, während das andere das Ruder drückt. Somit teilen sich beide Ruderservos die aufzubringende Kraft.

Wie werden Servos im Modellboot befestigt?

Wer einen Modellbaukasten der führenden Hersteller erwirbt, muss sich darüber nicht allzu viele Gedanken machen. In den Bauplänen und Bauanleitungen ist angegeben, mit welchem (beigefügten) Material das bzw. die Servo(s) zu befestigen sind. In der Regel werden in Modellschiffen so genannte RC-Grundplatten eingeklebt. Hierin sind Aussparungen, in die das Lenkservo für das Ruder eingesteckt wird. Gegebenenfalls ist das Servo noch mit Halteklipsen oder Schrauben zu fixieren.

In jedem Fall muss das Servo fest, jedoch auch vor Erschütterungen geschützt eingebaut werden. Es darf sich nicht während der Ruderverstellung in seiner Halterung bewegen. Auch kleinste Bewegungen sollen nicht sein! Ein Servo soll Ruder oder Mechaniken verstellen, sich dabei aber selbst nicht in seiner Halterung bewegen. Zu viel Spiel in der Ruderanlenkung führt zu einer ungenauen Ruderblattstellung, was exaktes Manövrieren sehr erschwert.

Den Schutz vor Vibrationen oder anderen Erschütterungen übernehmen Gummitüllen. Hierbei werden die Schrauben nicht allzu fest angezogen, damit die Gummitülle noch einen „puffernden" Zweck erfüllen kann. Eine andere praktische und einfache Lösung ist

Servo-Befestigung

Mit doppelseitigem Klebeband und mit Gummihüllen

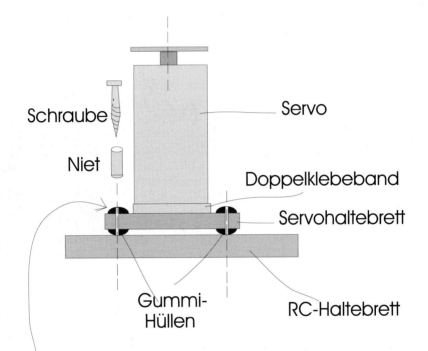

Schraube

Niet

Servo

Doppelklebeband

Servohaltebrett

Gummi-Hüllen

RC-Haltebrett

In die Gummihüllen werden Hohlnieten gesteckt, damit sie nicht zu sehr von den Schrauben zusammengepresst werden können.

Diese Zeichnung zeigt die Befestigung mit Doppelklebeband und Gummitüllen

die Befestigung nur mit doppelseitigem Klebeband. Wobei diese Befestigungsart eher bei kleinen Modellen mit kleineren Servos zu empfehlen ist. Der große Vorteil hierbei ist, dass man so das Servo an fast jede günstige Stelle im Boot kleben kann. Außerdem hat es bei kleinsten Modellen noch einen weiteren Vorzug: Es können wieder einige Gramm gespart werden. Wer jedoch kein Baukastenmodell baut bzw. ein vorhandenes Modell umbaut oder restaurieren möchte, hat diese fertigen RC-Einbauplatten nicht zur Verfügung. Für diese Fälle werden im Handel fertige Servohalter (Boxen oder Bügelhalter) angeboten, die lediglich mit zwei bis vier Schrauben im Modell befestigt werden müssen. Die Einbaulage des Servos – liegend, stehend oder hängend – ist für die Funktionalität ohne Bedeutung und hängt meist vom Platzangebot im Schiffsmodell ab.

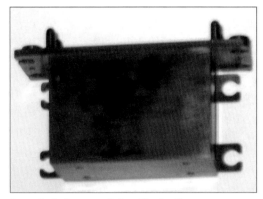

Servohaltebox zur Schnellbefestigung

Worauf muss ich beim Servo-Einbau achten?

Beim Einbau des Servos ist auch auf den Schwerpunkt eines Modells zu achten. Nach Möglichkeit sollten alle RC-Komponenten vor dem endgültigen Einbau und der Befestigung probehalber in den Modellrumpf gelegt werden. Wenn man nun das Modell ins Wasser (in die Badewanne) setzt, kann man schon sehen, ob das Modell die Wasserlinie erreicht, sich zur Seite neigt, zu leicht oder gar schon zu schwer ist. Sollte sich das Modell zur Seite neigen, ist ein Verschieben des Fahrakkus oder anderer RC-Einbauteile von Vorteil, so benötigt man kein Zusatzgewicht als Kontergewicht. Beim Gewicht gilt: Sollte das Boot zu schwer sein, eventuell einen kleineren Fahrakku einplanen. Wenn das Modell zu leicht ist, kann statt Ballastgewicht auch ein weiterer oder größerer Akku mit mehr Kapazität eingesetzt werden. Als weiteren positiven Nebeneffekt erreicht man so auch noch eine Erhöhung

Teile eines Modellbaukastens zur Servobefestigung

Wer keine Haltebox einsetzen möchte, kann das Servo auch mit langen Schrauben befestigen

21

Dies ist eine Variante, bei der das Servo komplett auf dem Grundbrett befestigt wird und nicht in einer Vertiefung sitzt

Verschieden lange Abstandsröhrchen aus Kunststoff. Am unteren Bildrand ist eine Schraube in einem langen Abstandshalter zu sehen

die Stellgenauigkeit sowie die Kraft am Ruder selbst. Außerdem erhöht sich so der Stromverbrauch und dies wiederum bedeutet eine kürzere Fahrzeit! Alle Ruder und Hebel dürfen keinen mechanischen Anschlag im Modell haben, ansonsten gilt das zuvor Geschriebene. Sollte dies nicht anders lösbar sein, kann das Gestänge beim Ruderarm des Servos weiter innen eingehängt werden. Somit verkürzt sich der Hebelarm und dadurch auch die Strecke, über die das Gestänge bewegt wird.

Wer sich später für eine mikroprozessorgesteuerte Computer-Anlage entschließen sollte, hat weitere Möglichkeiten, den Servoweg auch ohne mechanische Veränderungen in der Anlenkung zu regulieren. Dies wird noch beschrieben (siehe Kapitel 10.1.3.).

Welche Möglichkeiten gibt es, die Ruderbewegung auf ein Ruder oder andere sich bewegende Teile zu übertragen?

Auch hier gibt es natürlich wieder einmal mehrere Möglichkeiten, die je nach den Vorlieben des Modellbauers, nach dem Platzbedarf im Modell und Einsatzzweck variieren. Auf dem Servo selbst befindet sich in der Regel eine Scheibe mit vielen Löchern. Am

der Fahrzeit. Ein anderer Punkt auf den beim Servoeinbau unbedingt zu achten ist, ist die Gestänge- oder die Bowdenzugführung. Die Kraftübertragung soll ungehindert, leichtgängig aber auch spielfrei erfolgen. Mehrfache Umlenkungen (zu viel Spiel) und enge Krümmungen bei der Bowdenzugverlegung (schwergängig) sind unbedingt zu vermeiden. Eine schwergängige Kraftübertragung mindert

Wenn ein kleines Servo in eine Grundplatte eingebaut wird, werden gelegentlich auch nur kleine Holz- oder Blechschrauben zur Befestigung genommen

Außenrand wird dann das Gestänge mittels Gabelkopf oder dergleichen befestigt. Neben den Servoscheiben gibt es auch verschiedene -kreuze, die jedoch vom Sinn und Zweck alle die gleiche Aufgabe bewältigen. Der einzige wichtige Unterschied liegt in ihrer Größe. Je größer die Entfernung vom Mittelpunkt der Servoachse bis zum äußersten Loch ist, umso größer ist der mögliche Stellweg für die Ruderbewegung. Bei Schiffsmodellen kommt es oftmals vor, dass das Modell dem Ruder nur sehr zaghaft gehorcht. Das heißt, dass dann der Wendekreis zu groß ist. Hier hat man unter anderem folgende, einfache Abänderungsmöglichkeit: Die Ansteuerung der Anlenk- oder Hebelarme auf dem Servo und dem Ruderhebelarm muss geändert werden. Hierzu sind nur wenige Handgriffe nötig:
• Beim Anlenkhebel oder der Drehscheibe auf dem Servo wird das Gestänge in das äußerste Loch eingehängt.
• Beim Ruderhorn wird das innerste Loch (zum Ruderschaft hin = Drehachse des Ruders) belegt.

• Sollte diese Anschlussvariante noch immer nicht für einen kleinen Wendekreis ausreichen, kann auf der Servoscheibe eine weitere, größere Scheibe befestigt werden.
Als eigentliche Anlenkung der Mechanik bzw. des Ruders kommen mehrere Möglichkeiten in Betracht.

1. Das Draht-Gestänge
Die am Häufigsten praktizierte Version ist der Einbau eines Stahl- oder Eisendrahtgestänges. Hierbei wird an beiden Enden des Drahtes eine Hülse mit angebrachtem Gewindestab angebracht. Auf dem Gewindestab wird ein (Metall-)Clip aufgeschraubt. Durch das beidseitige Gewinde lässt sich die Schubstange (begrenzt) in ihrer Länge justieren. Es werden ein Clip auf dem Servoarm und ein Clip am Ruderhorn bzw. an der zu betätigenden Mechanik angebracht.

Der Gabelkopf wird mit Innengewindeausführung angeboten. Ein Metalladapterstück kann auf der einen Seite als Rohr über das eigentliche Drahtgestänge gesteckt und angelötet werden. Auf der anderen Seite befindet sich eine kurze Gewindestange, auf die das Gewinde des Gabelkopfes aufgedreht werden kann. Durch das Gewinde ist eine sehr präzise Einstellung eines Ruders bzw. einer Mechanik möglich. Meist muss dann später nicht noch mit der Sendertrimmung gearbeitet werden. Die beiden Backen des Gabelkopfes sind sehr stark federnd. So kann eine zusätzliche Sicherung des Gabelkopfanschlusses gegen unbeabsichtigtes Öffnen entfallen.

Wenn nun einmal eine Höhendifferenz zwischen Servo und Anlenkung der Mechanik auftritt, kann man anstatt der Metallklipse auch Kunststoffklipse einsetzen. Diese Klipse haben ebenfalls den großen Vorteil, dass sie keine Empfangsstörungen aufgrund aneinander reibenden Metalls im Boot auslösen (Knackimpulse). Ein weiterer Pluspunkt ist, dass diese Klipse, die auch gerne im Flug- und Helikoptermodellbau eingesetzt werden, innen eine bewegliche Achse haben. Somit

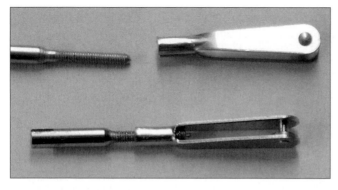

Gabelköpfe aus Stahl

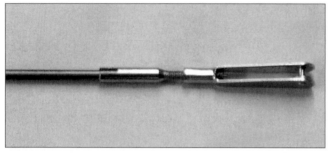

Der Gabelkopf wird über
eine Löthülse mit dem
Gestänge verbunden

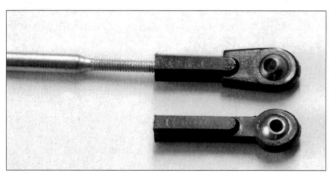

Kugelgelenkanschluss

wird ein Antrieb ohne starken Krafteinsatz möglich. Der Kugelgelenkanschluss ermöglicht einen Ruderanschluss mit großem Bewegungsbereich quer zur Stellrichtung. Zur Vermeidung von Reibung und Biegungskräften wird dieser Anschluss immer dann eingesetzt, wenn die Stellrichtung nicht rechtwinklig zur Schwenkachse des Ruders verläuft. Neben der hier im Bild zu sehenden Kunststoffausführung mit Metallführung sind auch reine Metallausführungen erhältlich. Wem der Kauf von Stahldrähten mit Metallklipsen und den

dazugehörigen Gewindeösen zu teuer scheint, kann seine Gestänge auch durch Biegen und genaues Abmessen selbst herstellen.

2. Der Bowdenzug
Der Bowdenzug ist entweder ein Seil oder Draht aus Stahl oder Kunststoff, welcher in einer flexiblen Hülle aus gewickeltem Stahldraht oder Kunststoff geführt wird. Der Bowdenzug dient im Modell der Übertragung von Kräften, die „um die Ecke" gehen müssen. Das heißt, bei allen Anlenkungen, die nur

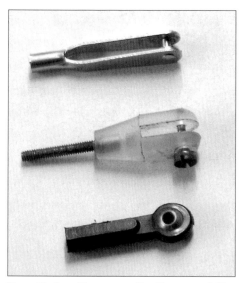

Verschiedene Typen von Gestängeanschlüssen

Die passende Zange, um ein Gestänge in diesem Winkel zu biegen (Abkröpfzange)

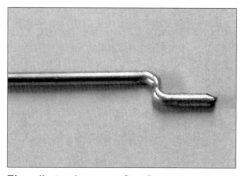

Ein selbst gebogenes Gestänge

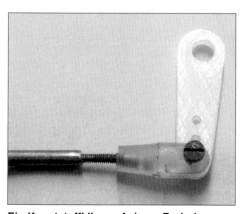

Ein Kunststoffklips auf einem Ruderhorn

Zahnriemen auf Zahnriemenscheibe

◄

Die Gestängebefestigung am Servo

sehr schwer mit einem Stahldraht als reines Gestänge zu realisieren sind, wird ein flexibler Bowdenzug eingesetzt. Bei Sonderfunktionen kann so ein direkter Kontakt zwischen Servohebel und der eigentlichen Mechanik hergestellt werden, ohne platzraubende Umlenkvorrichtungen.

3. Der Zahnriemen

Wenn die Servoachse und die anzutreibende Achse dicht nebeneinander liegen, besteht die Möglichkeit, mittels Zahnriemen und zweier Zahnriemenräder einen Antrieb herzustellen. Dafür wird auf dem Servo ein Zahnriemenrad (in unterschiedlichen Größen erhältlich) und auch auf der anzutreibenden Achse ein Zahnriemenrad befestigt. Nachdem der Zahnriemen übergestreift wurde, ist die ganze Einheit auf Spannung zu bringen und in dieser Lage zu befestigen.

4. Das Zahnrad

Auch diese Variante ist leicht zu realisieren. Sie bietet sich nicht nur auf engstem Raum an, sondern auch dort, wo – ähnlich einem Getriebe – die Bewegung unter- oder übersetzt werden muss. Das heißt, hiermit kann man entweder den Servoausschlag begrenzen oder sogar vergrößern, je nach eingesetztem Zahnrad.

Hierbei ist zu beachten, dass bei der Verwendung von zwei Zahnrädern jedes einzelne Zahnrad in eine andere Richtung dreht. Wird beispielsweise das vom Servo angetriebene Zahnrad rechtsdrehend angesteuert, dann vollführt das zweite Zahnrad eine Linksdrehung. Ein drittes angeschlossenes Zahnrad würde sich dann wieder nach rechts drehen. Bei weiteren Zahnrädern würde sich dies dann immer wieder wechselseitig wiederholen.

Zwei verschiedengroße Zahnräder für unterschiedliche Ausschläge

Hier ist zu sehen, wie groß der Unterschied der einzelnen Zahnräder sein kann. Diese Zahnräder sind untereinander kombinierbar, und so kann man sich an die erforderlichen Ruderausschläge durch Probieren herantasten

Wer nicht auf das Modellgewicht achten muss, kann auch die präziser gearbeiteten, aber auch schwereren und teureren Messingzahnräder einsetzen

Zahnradantrieb mittels zwischengeschalteter Kette

5. Zahnrad und Kettenantrieb

Neben der reinen Zahnrad-Verbindung gibt es noch die Möglichkeit, längere Strecken, also größere Abstände als der Durchmesser eines Zahnrades, durch den Einbau von Zahnradketten zu überbrücken. Hierbei wird auf der Servoscheibe bzw. der Servoachse und der Antriebsachse der Mechanik ein Zahnrad montiert. Nun wird um die beiden Zahnräder eine Kette gelegt. Durch die Einzelglieder ist die Länge der Kette gut variierbar. Bei dieser Variante ist die Drehrichtung beider Zahnräder gleich.

Für verschiedene Sonderfunktionen können auch noch andere Antriebe mittels Servo realisiert werden:

6. Zahnschnecke

Hierbei wird ebenfalls ein Zahnrad auf die

Zahnschneckenantrieb

Achse des Servos befestigt. Eine auf einer separaten Achse befestigte Zahnschnecke wird durch die Zahnräder angedreht und die angetriebene Achse wird somit auch hin und her bewegt.

27

Zahnstangenantrieb

7. Die Zahnstange
Hier gilt das gleiche Prinzip wie bei der Zahnschnecke, nur dass hier eine Zahnstange angeschoben wird.

Neben den zuvor genannten Anlenkvorrichtungen gibt es noch eine Reihe anderer Möglichkeiten, ein Ruder bzw. eine Mechanik anzusteuern. Hier haben verschiedene Kleinhersteller ihre eigenen Varianten entwickelt. Natürlich hat ein Modellbauer, der schon mehrere Modelle mit verschiedenen Arten von Mechaniken ausgestattet hat, hier sicherlich auch im Laufe der Zeit seine eigenen Vorlieben für bestimmte Versionen.

Was ist beim Einbau von Gestängen und Anlenkungen zu beachten?
Grundsätzlich muss der Einbau so erfolgen, dass die Gestänge frei und leichtgängig laufen. Schwergängige Gestänge und Ruder kosten Strom, verringern die Betriebsdauer und wirken sich nachteilig auf die Stellgenauigkeit aus. Besonders wichtig ist, dass alle Ruderhebel ihre vollen Ausschläge ausführen können, also nicht mechanisch begrenzt werden. Dementsprechend sind die Durchführungsöffnungen für die Gestänge im Modell auszulegen. Keinesfalls dürfen mechanische Anschläge

den Ruderausschlag begrenzen. Bei Nichtbeachtung dieser höchst wichtigen Regel steht die Rudermaschine während des Betriebs fast immer unter Volllast. Dies bedeutet im günstigsten Fall eine wesentlich höhere Stromaufnahme, die im schlimmsten Fall aber auch zur Zerstörung des Servos führen kann.

Wie nutze ich die Sendertrimmung zur Feinabstimmung der Rudermittelstellung?
Neben den Knüppeln am Sender befinden sich kleine Rädchen bzw. kleine bewegliche Hebelchen. Hiermit werden die Servomittelstellungen ganz fein eingestellt. Sollte also ein Boot trotz sorgfältig eingestelltem Gestänge noch aus dem Ruder laufen, kann mit der Trimmung der Nullpunkt des Servos dementsprechend verändert werden. Gleiches gilt auch für den Fahrtregler. Ältere Modelle mussten noch einen Neutralpunkt eingestellt bekommen, was mittels kleinem Schraubendreher an einem Poti vorgenommen wurde. Sollte der Motor laufen, obwohl der Senderknüppel auf neutral, also in der Mitte steht, kann mittels Trimmhebel der Motor ausgeschaltet werden.

Was ist ein Fahrtregler und wie arbeitet er?
Der Fahrtregler ist ein Gerät, mit dem die Drehzahl des Antriebsmotors proportional gestellt werden kann. Der Begriff Fahrtregler hat sich bei Modellbauern und in der Fachliteratur eingebürgert. Eigentlich müsste es Drehzahlsteller heißen. Der elektronische Fahrtregler enthält einen Verstärker, der aus den Kanalimpulsen längenvariable Spannungsimpulse formt, mit denen der Motor angetrieben wird. Damit die Drehzahl in beide Fahrrichtungen gestellt werden kann, enthält der elektronische Fahrtenregler entweder ein Umpolrelais oder eine Brückenendstufe. Da bei älteren Fahrtreglermodellen bei vollem Motorstrom eine beträchtliche Verlustleistung entsteht, muss der Fahrtregler gut gekühlt werden. Der Kollektor

des Endstufentransistors ist leitend mit dem Transistorgehäuse und dem Blechgehäuse des Fahrtreglers verbunden, deshalb sind Berührungen mit spannungsführenden Metallteilen oder Leitungen unbedingt zu vermeiden! An einem Fahrtregler können bei Einhaltung der vorgegebenen Grenzdaten mehrere Motoren angeschlossen werden. Auf keinen Fall dürfen die Anschlüsse für den Motor miteinander verbunden werden! Es würde ein Kurzschluss entstehen. Auch hier wäre der Fahrtregler zerstört! Soll nun die Drehrichtung des Motors umgepolt werden, vertauscht man am besten die beiden Motoranschlusskabel.

Im Gegensatz zu einem mechanischen Fahrtenregler wird bei einem voll elektronischen Fahrtregler neueren Datums keine Leistung an einem Vorwiderstand „verheizt". Mit Hilfe von leistungsstarken elektronischen Schaltern (MOS-FET-Transistoren) wird die volle Spannung des Fahrakkus auf den Motor geschaltet. Doch noch bevor der Motor so richtig auf Drehzahl kommt, schaltet der Regler die Spannung wieder ab. Dieser Ein- und Ausschaltvorgang wird je nach Reglerart über 2.000 Mal pro Sekunde wiederholt! Soll der Motor langsam laufen, ist der Einschaltimpuls nur extrem kurz und die Pause bis zum nächsten Impuls sehr lang (wobei die Größenordnung hier nur einige tausendstel Sekunden beträgt). Soll der Motor schneller laufen, werden die Einschaltimpulse verlängert und die Pausen verkürzt (Impulsbreitenregelung). Vorteile sind eine feinfühlige Drehzahlregelung und längere Fahrzeiten durch geringeren Energiebedarf im Teillastbereich.

Alle, die sich für Elektro-Rennboote interessieren, müssen sich über kurz oder lang ein Grundwissen über Motoren aneignen, um nicht zu viel Lehrgeld bezahlen zu müssen. Daher hier noch eine kurze Anmerkung zu dem Verhältnis Elektromotor und Fahrtenregler:

Jeder Elektromotor hat eine bestimmte Anzahl von Turns (Wicklungen). Mehr Wicklungen bedeuten mehr Drahtwicklungen auf dem Anker. Motoren mit vielen Wicklungen benötigen weniger Strom (Ampere) und haben eine niedrigere Drehzahl. Motoren mit weniger Wicklungen benötigen mehr Strom und die Drehzahl ist entsprechend höher. Aber: Je weniger Wicklungen ein Motor hat, umso mehr wird der elektronische Fahrtenregler belastet! Beim Motorenwechsel muss daher in jedem Fall darauf geachtet werden, welche Dauerströme der Regler verkraften kann und wie viel Strom der Motor zieht.

Worauf muss ich bei der Wahl eines Fahrtreglers achten?

Vor der Anschaffung eines Fahrtreglers sind gleich mehrere Faktoren unbedingt zu beachten:

Welcher Motor wird eingesetzt?

Hier geht es darum, zu wissen, mit wie viel Volt der Motor angetrieben werden soll. Die meisten Motoren laufen mit 6,0 V, 7,2 V, 8,4 V, 9,6 V oder 12 V. Dementsprechend muss auch der Fahrtenregler ausgesucht werden. Damit es bei der weiteren Stromversorgung im Modell nicht zu kompliziert und teuer wird, sollte man sich entweder für 6 oder 12 Volt entscheiden.

Wie hoch ist der Stromverbrauch?

Die Leerlaufströme können bei hochwertigen, kräftigen Motoren unter einem Ampere liegen. Andere, stromfressende Motoren liegen da auch schon einmal bei 6 bis 8 Ampere. Wenn jetzt noch ein kleines bis mittleres Modell zwischen 6 und 20 Kilogramm Gewicht angetrieben werden soll, steigt die Stromaufnahme schnell über 10 Ampere, selbst 20 Ampere sind schnell erreicht. Nun benötigen wir also einen Fahrtregler, der diese Ströme auch vertragen kann. Die Mindestanforderung an unseren Fahrtregler lautet damit: 20 Ampere Dauerstrom bei einer Spannung von 12 Volt.

Der Vollständigkeit halber sei noch erwähnt, dass es natürlich auch Fahrtregler für andere Spannungsbereiche und mit einer höheren Strombelastbarkeit gibt. Umgekehrt gibt es auch Fahrtregler, die kleinste Motoren ansteuern können. Bei kleineren Sonderfunktionen kann auch mit einer Servo-Elektronik als Fahrtregler gearbeitet werden, allerdings nur im Spannungsbereich zwischen 4,8 und 6,0 Volt.

Was bedeutet BEC und wann brauche ich es?

Dieses System entnimmt dem Antriebsakku (gleichgültig ob 6,0/7,2/8,4/9,6 oder 12 Volt) immer die erforderliche Empfängerspannung (in der Regel 4,8 bis 6 Volt) und stellt sie der RC-Anlage zur Verfügung. Dazu muss der Fahrtregler nur an seinem Empfängersteckplatz eingesteckt sein. Im Empfänger haben alle stromführenden Pole (also Plus und Minus) gemeinsame Anschlüsse. Wenn nun im Fahrtregler die Spannung von beispielsweise 12 Volt aus dem Antriebsakku auf 4,8 oder 6 Volt reduziert wird, liegt an seinem Stecker diese Spannung an und versorgt somit den Empfänger und damit auch die anderen angeschlossenen Geräte, wie die Servos, mit Strom.

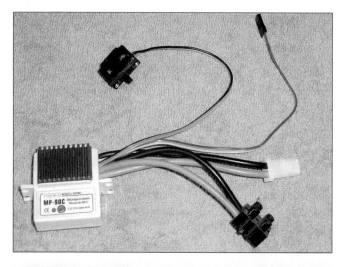

Fahrtenregler mit BEC-System

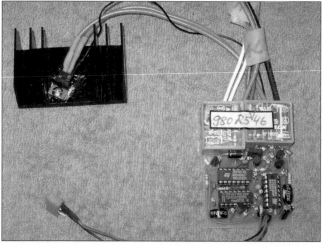

Ein leistungsstarker Fahrtregler mit separatem Kühlkörper. Dieser Fahrtregler kann Ströme bis zu 40 A regulieren

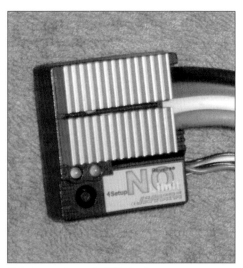

Fahrtenregler mit BEC-System

im Rumpf befestigt werden können. Doppelseitiges Klebeband mit Schaumstoffeinlage dämpft zusätzlich Vibrationen und Stöße. Mit Klettband befestigte Regler lassen sich sehr leicht Ausbauen und in anderen Modellen einsetzen.

Welche Klebstoffe eignen sich zum Einbau der RC-Komponenten?

Grundsätzlich kann man sagen, dass Alleskleber, Klebestifte oder Heißklebepistolen in den allermeisten Fällen nicht für den

Nun muss noch entschieden werden, ob unser Fahrtregler (beispielsweise 12 Volt/20 Ampere) mit oder ohne BEC-System ausgerüstet sein soll. Wenn ein Fahrtregler mit BEC ausgerüstet ist, stellt der Fahrtregler über eine eingebaute Elektronik der gesamten Empfangsanlage Strom aus dem Fahrakku bereit. Ein separater Empfängerakku ist dann nicht mehr notwendig. Dies ist platz-, gewichts- und kostensparend und daher zu empfehlen.

Wie wird der Fahrtregler befestigt?

Da viele unterschiedliche Fabrikate auf dem Markt sind, unterscheiden sich auch die Bauformen der Regler voneinander. Es gibt daher keine genormten Befestigungsteile. Grundsätzlich kann man jedoch sagen, dass die heutigen Fahrtregler alle mit doppelseitigem Klebeband oder selbstklebenden Klettbändern

Eine einfache 2-Kanal-AM-Anlage älteren Datums der Firma robbe

Dies ist ebenfalls eine 2-Kanal-Anlage, nun von der Firma Graupner. Mittels der beiden Reverse-Schalter unten links können die Laufrichtungen beider Kanäle umgedreht werden ▶

Schiffsmodellbau geeignet sind. Wir benötigen Klebstoffe entweder für den Einbau des RC-Grundbrettes, den Motorspant, den Stevenrohreinbau oder eventuell auch für die Servobefestigung. Da wir es hier mit den verschiedensten Materialien zu tun haben, will ich die Klebstoffe nach ihrem Verwendungszweck auflisten.

Kleberart	Verwendungszweck	Besonderheiten
ABS Kleber	spezieller Kunststoffkleber für ABS	2-Komponenten-Kleber speziell für ABS
Plastik Kleber	Polystyrolverbindungen	Spezialkleber für Polystyrol. Klebestellen werden vom Kleber angelöst und danach miteinander „verschweißt". Kurze Trockenzeit. In Tuben oder Gläsern erhältlich, sehr praktisch und gut!
Sekundenkleber/ Schnellkleber	Fast alle Materialien können hiermit verklebt werden	Sehr gut geeignet für Fixierklebungen. Hat hohe Klebekraft und Trockenzeiten von etwa 1 bis 10 Sekunden. Teile müssen genau zusammen passen. Gibt es in dünnflüssiger und dickflüssiger Form.
Weißleim	Holzkleber, auch wasserfest erhältlich	Je nach Produkt mittellange Trockenzeiten (10-30 Minuten). Zur Erzielung einer starken Klebekraft ist während der Trockenphase Druck erforderlich.
Zweikomponentenkleber	Für sämtliche Modellbaumaterialien wie Metall, Plexiglas, Kunststoffe, Holz	Arbeitet auf Epoxyd- oder Polyesterbasis. Kleber besteht aus Binder und Härter, die in einem vorgeschriebenen Mischungsverhältnis angerührt werden. Bearbeitungszeit je nach Produkt verschieden (um 10 Minuten). Auf ein genaues Mischungsverhältnis ist in jedem Fall zu achten, da sonst der Kleber nicht richtig abbindet.

2.2. Ältere Fernsteuerungsanlagen

Wie schon im Vorwort des Buches erwähnt, zeigen die nachfolgenden Fotos zuerst Fernsteuerungsanlagen verschiedener Hersteller und Epochen als Einstimmung in diesen großen Bereich.

2.3. Moderne Fernsteuerungssysteme

Moderne, ausbaufähige 4-Kanal-Anlagen für den Schiffsmodellbau können meist auf sieben oder acht Kanäle aufgerüstet werden. Es besteht aber auch die Möglichkeit, ein Nautikmodul einzubauen. Nautikmodule „splitten"

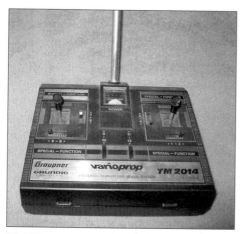

Die TM 2014 von Graupner ist eine 4-Kanal-Anlage älteren Datums, die auf insgesamt 6 Kanäle ausgebaut werden kann

Die SAM GOLD von Simprop war gegen Ende der 70er-, Anfang der 80er-Jahre zwar teuer aber bei Kennern sehr beliebt. Es handelt sich um eine 4-Kanal-Anlage, die auf bis zu 7 Kanäle aufgerüstet werden konnte. Zwei der aufrüstbaren Kanäle konnten sogar mit einem so genannten Nautikmodul erweitert werden. Jedes einzelne Modul hatte wiederum vier eigene Funktionen

Dieses Bild zeigt die voll ausgebaute Terratop von robbe. Neben den beiden Kreuzknüppeln in der Mitte des Senders befinden sich in der oberen Reihe 20 Kippschalter, über die insgesamt 24 Einzelfunktionen schaltbar sind. Am unteren Rand sind weitere sieben Drehknöpfe, mit denen beispielsweise weitere sieben Servos oder andere periphere Geräte angesteuert werden können

Die Promars von robbe war sehr teuer und eignete sich hervorragend für den Schiffsmodellbau und zur Bedienung von Sonderfunktionen. Die Grundversion mit 4 Kanälen konnte mit Kippschaltern, Drehschaltern für lineare Bewegungen und mit bis zu vier Nautikmodulen ausgebaut werden. Pro Modul sind sechs Funktionen schaltbar. So können rund 30 Schaltfunktionen angesteuert werden

Die FM 414 von Graupner war in der mittleren Preisgruppe angesiedelt und ist hier ebenfalls schon weitestgehend ausgebaut. Mit dem Nautikmodul, welches rechts oben eingebaut ist, können mit acht Schaltern 16 weitere Funktionen geschaltet werden

Dieselbe Anlage, diesmal jedoch komplett ausgebaut. Mit den zwei Nautikmodulen sind 32 Schaltkanäle (16 Schalter × 2 Funktionen) möglich. Anstatt der Kreuzknüppel können für bestimmte Funktionen Schiebeschalter (in der Sendermitte gut zu erkennen) eingesetzt werden. Sie haben den Vorteil, dass jede Bewegung des Servos exakt (proportional) eingestellt und gehalten werden kann, während es beim Ein-/Ausschalter nur Vollausschläge gibt und die Kreuzknüppel per Feder in die Mittelstellung gezogen werden. Das Senderpult mit Tragegurt ermöglicht es, das Modell auch über lange Zeit ermüdungsfrei zu steuern. In den Schalen unter den Auflageflächen ist häufig benötigtes Werkzeug oder Kleinmaterial stets griffbereit untergebracht

Diese schon ältere Anlage von Conrad Electronic wurde generell als 7-Kanal-Anlage angeboten. Sie verfügte serienmäßig über Kanalmischer und eine Dual-Rate- sowie eine Servo-Reverse-Funktion

So ein Regenschutz ist vor allem bei Regatten und auf Wettbewerben, die auch bei schlechtem Wetter durchgeführt werden, ein sehr nützliches Zubehör ▶

Ein geöffneter Sender. 1. HF-Teil, 2. eingesteckter Quarz, 3. Akkuladebuchse, 4. Ein-/Aus-Schalter, 5. Sender-Antenne, 6. Sender-Akku, 7. Steckbuchsenplätze, hier werden die Signalleitungen der Steuerknüppel und anderer Schalter eingesteckt, 8. Kreuz- oder Steuerknüppel mit Feineinstellungspotentiometer für die Trimmung

(teilen) einen Kanal auf mehrere Kanäle. Normalerweise wird ein Kanal für den Anschluss eines Nautikmodulbausteins „geopfert". Bei Graupner lässt sich so beispielsweise ein Kanal zur Bedienung von bis zu 16 Funktionen nutzen. Die „gesplitteten" Kanäle verfügen dabei nicht über die gleiche Auflösung, wie ein vollwertiger proportionaler Kanal. Das bedeutet, dass Funktionen, die besonders feinfühlig oder schnell angesteuert (typischerweise die Fahrfunktionen des Modells) werden sollen, nicht über das Nautikmodul bedient werden sollten. Der große Vorteil der Nautikmodule liegt in der immensen Anzahl von Schaltkanälen, die übertragen werden und zur Ansteuerung von Sonderfunktionen eingesetzt werden können. Das Nautikmodul von Graupner verfügt beispielsweise über acht Kippschalter, die jeweils nach oben und unten bewegt werden können und somit 16 Funktionen steuern können, obwohl dafür nur ein Kanal des Senders genutzt wird. Da

in vielen Sendern zwei Nautikmodule eingebaut werden können, erreicht man durch das „Splitten" (Aufteilen) von zwei Kanälen des Senders insgesamt 32 Schaltmöglichkeiten für Sonderfunktionen. Versierte Elektroniker können mittlerweile diese 32 Schaltmöglichkeiten auf 64 verdoppeln!

Wichtig: Für jedes Nautikmodul im Sender muss ein passender Decoder des gleichen Herstellers im Modell eingesetzt werden. Wem diese Möglichkeiten noch nicht ausreichen, kann sich eine Computeranlage besorgen. Bevor ich nachfolgend einige Vorteile dieser Computeranlagen aufzähle, weise ich darauf hin, dass diese Anlagen kein unbedingtes Muss für den Einsteiger in den Schiffsmodellbau darstellen. Wer nur ein kleines Modell ohne besondere Sonderfunktionen besitzt, und dieses auch in Zukunft nicht durch ein aufwendiges Neuprojekt ablösen will, kommt sicherlich auch ohne die nachfolgend beschriebenen Möglichkeiten aus.

Was kann ich bei einem mikroprozessorgesteuerten Sender alles einstellen?

- Der Modellspeicher: Für verschiedene Modelle können die gefundenen Einstellungen hinsichtlich Servoweg, -laufrichtung, -mittelstellung etc. in einem Speicher abgelegt und bei Bedarf wieder aufgerufen werden. Diese Funktion ist beim Einsatz mehrer Modelle äußerst praktisch. Die Anzahl der Speicher steigt meist mit dem Preis der Anlage.
- Servo-Reverse: Das ist die Drehrichtungsumkehr für die Servos. Bei Computeranlagen kann die Richtungsänderung über das Menü vorgenommen und die Laufrichtung im Display des Senders abgelesen werden.
- Dual-Rate: Ermöglicht eine elektronische Einstellung des Servowegs. Der Servoweg kann verkürzt oder verlängert werden. Damit ist es möglich, ohne großen Montageaufwand die Steuerempfindlichkeit eines Modells zu beeinflussen.

- Throw-Adjust: Fast wie Dual-Rate. Jedoch ist hier die Wegveränderung getrennt für beide Endausschläge aller Servos von 0 bis 160% einstellbar.
- Expotential/Exponentialsteuerung: Wird gelegentlich auch als progressive Steuerung bezeichnet. Wird meist genutzt, um die Steuerung um die Mittelstellung des Servos herum feinfühliger einzustellen. 50% Ausschlag am Steuerknüppel ergeben dann beispielsweise erst 25% des Servowegs. Bei Vollausschlag am Senderknüppel steht jedoch der volle Servoweg zur Verfügung. Im Gegensatz zur Dual-Rate-Funktion wird der Servoweg also nur im Bereich der Mittelstellung reduziert. Nun können beispielsweise die Ruder mit Hilfe der Gestänge so angelenkt werden, dass extrem große Ausschläge möglich sind. Das Modell ist dadurch in der Lage, bei Bedarf sehr enge Richtungswechsel durchzuführen. Durch die Wegreduzierung im Bereich der Mittelstellung ist gleichzeitig aber auch eine feinfühlige Steuerung bei schneller Fahrt möglich.
- Sub-Trim: Verstellung der Mittelstellung von Servos. Dies ist bei Verwendung älterer Servo-Typen oftmals notwendig. Auch aus mechanischen Gründen kann dies erforderlich sein.
- Reset-Funktion: Löscht die bisherigen Eingaben im Modellspeicher und stellt eine werkseitige Grundeinstellung wieder her.

Andere Funktionen moderner Computeranlagen, wie beispielsweise die Mischmöglichkeiten zwischen den Kanälen, sind für Schiffsmodellbauer meist nicht so interessant, sie wurden vor allem für Flug- und Helikoptermodelle entworfen.

3. RC-Komponenten

3.1. Der Sender

Als Erstes wird meist der Sender genannt. Dies ist der Kasten, den der Modellkapitän in Händen hält. Er sollte dabei die Antenne ganz ausfahren oder eine kurze Wendelantenne aufgesteckt haben. Der Sender überträgt die Befehle, die der Kapitän mechanisch vornimmt auf drahtlosem Weg an den Empfänger im Schiffsmodell weiter. Für feinfühliges Steuern sind auch lange Steuerknüppel (Zubehör) erhältlich. Als weiteres Zubehör wird je nach

Hersteller angeboten:
- kurze Wendelantenne
- Sendertragriemen
- Sendertragriemen mit Haltegestell
- Senderpult
- größere Akkus für längere Betriebszeiten
- Senderregenhaube
- Quarz- bzw. Kanalfähnchen
- Längere/kürzere Steuerknüppel
- Kreuzknüppel mit integriertem Kippschalter für Sonderfunktionen

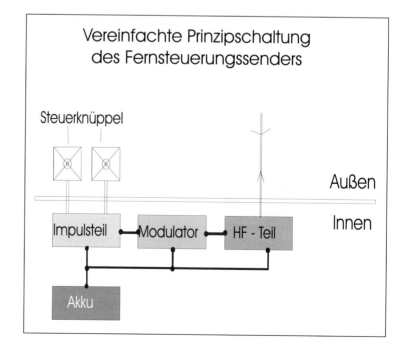

Prinzipschaltung Sender

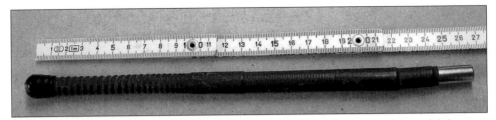

Eine kurze und leicht flexible Wendelantenne. Achtung: Diese Antennen eignen sich hervorragend für Tests im Bastelraum und Vorführungen an kleineren Gewässern. Sollte das Schiffsmodell jedoch auf größeren Gewässern einmal seine Runden drehen, ist vorher in jedem Fall ein Reichweitentest durchzuführen!

Ein Kippschalter für den Sendereinbau. Mit den vier Potentiometern (Potis) können weitere Einstellungen vorgenommen werden

◄

Eine Kompletteinheit mit Kreuzknüppel, den dazugehörigen zwei Potis für die Trimmung, den beiden großen Trimmrädern und langem Kreuzknüppel. Auf dem Knüppel wurde ein Kippschalter eingebaut. Hierdurch ist ein schnelles Reagieren auch bei schwierigen Fahrmanövern möglich

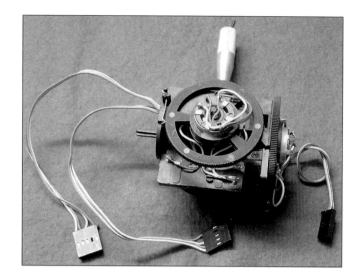

So sieht die Kompletteinheit von unten aus. Je ein Kabel ist für einen Kanal des Kreuzknüppels, also insgesamt zwei. Das dritte Kabel ist für den Kippschalter

3.2. Der Empfänger

Der Empfänger, man nennt ihn auch schon einmal das Herz der Empfangsanlage, setzt im Modell die vom Sender erhaltenen Steuerbefehle wieder um und gibt diese über die angeschlossenen Kabel an die peripheren Geräte (Servo, Fahrtregler, ...) weiter.

3.3. Periphere Geräte

Die nachfolgend genannten Geräte sind für die Ruderverstellung, die Geschwindigkeit und Fahrtrichtung sowie für den Segelbetrieb unbedingt nötig:

Das Servo

Zu den bekanntestes peripheren Geräten (also den Bauteilen, die im Empfänger eingesteckt werden) zählt das Servo, das man früher noch als Rudermaschine bezeichnete. Die Hauptarbeit eines Servos bestand zu dieser Zeit ja auch in der Betätigung des Ruders. Erst später gab es mechanische Fahrtregler, die ebenfalls von einem Servo angesteuert wurden. Heute werden Servos auch beim Ausführen von Sonderfunktionen eingesetzt. Das Servo erhält über den Empfänger einen Steuerbefehl (vom Sender ausgehend), den es dann in eine Bewegung umsetzt.

Der Fahrtregler

Ein weiteres peripheres Gerät ist der Fahrtregler. Das ist ein elektronisches Gerät, welches für die Drehzahl und Drehrichtung eines Elektromotors zuständig ist. Auch der Fahrtregler bekommt das Sendersignal vom Empfänger verarbeitet zugeführt.

Das Segelverstellservo/Segelwinde

Zum Verstellen des Segels bei Segelschiffen dienen Servos, bei denen anstelle einer Servoscheibe oder eines Servoarms eine Seiltrommel montiert ist. Auch die Segelwinde wird mittels Kabelverbindung und passendem Stecker in den Empfänger eingesteckt.

Die nun folgenden Geräte dienen eher den Sonderfunktionen und sind für die Grundfunktionen bzw. für die Mindestausrüstung nicht erforderlich.

Nautikmodul und Decoder

Wer jetzt schon weiterdenkt, fragt sich natürlich: Wie werden denn die Sonderfunktionen (das sind alle die Abläufe an und auf einem Schiff, die mit dem reinen Fahrbetrieb nichts zu tun haben) wie beispielsweise ein Radar, eine Sirene, ein Feuerlöschmonitor (Wasser-

Rechts und in der Mitte Soundmodule, links ein passender Verstärker

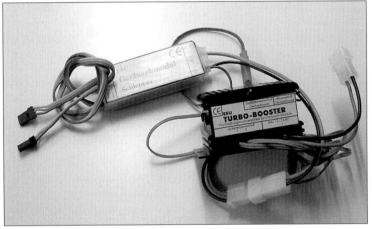

Ein Soundmodul, in diesem Fall für einen Schlepper. Neben dem schweren Dieselmotorsound sind unter anderem noch ein Nebelhorn und ein sehr echt klingendes Ankerwindengeräusch zu hören

spritzer), ein Dieselgeräusch, ein sich bewegender Kran, eine hochgezogene Flagge, eine sich öffnende Tür, ein winkender Matrose, ein funkelndes Blaulicht, ein abgelassenes Netz eines Krabbenkutters, ein ausgesetztes Beiboot und die vielen weiteren denkbaren Funktionen angesteuert? Hierzu benötigte man in den Anfangsjahren des Sonderfunktionsmodellbaus meist Servos, Kleinstgetriebemotoren und andere Antriebe. Die zentrale Frage dabei war aber, wie viele Sonderfunktionen sich mit den zur Verfügung stehenden Fernsteuerungskanälen überhaupt realisieren lassen. Heute lassen sich dank Nautikmodul und Decoder eine von den meisten Modellbauern nicht zu erschöpfende Vielzahl von Funktionen ansteuern. Ein Decoder ist das Gegenstück des Nautikmoduls im Sender. Er wird ebenfalls im Empfänger eingesteckt und gibt die empfangenen Befehle an die Endgeräte weiter. Die Endgeräte sind beispielsweise Positionslampen, ein Mikromotor für den Radarbalken, ein Seuthe-Raucherzeuger (zur Simulation der Motorabgase) oder eine Sirene, deren Ton von einem Soundmodul generiert und über einen Lautsprecher im Modell wiedergegeben wird.

Am Anfang gilt hinsichtlich der Sonderfunktionen: Manchmal ist weniger mehr! Das soll heißen, dass für den Anfang lieber nur eine Sonderfunktion eingebaut wird, die perfekt funktioniert, als sich zu verzetteln und vielleicht sogar frustriert aufzugeben.

Das Soundmodul

Neben einfachen Platinen, von denen nur jeweils ein Geräusch elektronisch abgegriffen werden kann, gibt es auch Hersteller, die in einem Gehäuse ein Modul unterbringen, von dem gleich mehrere Klänge abgerufen werden können. Sie sind für verschiedene Schiffstypen entwickelt und stellen verschiedenartige Geräusche zur Verfügung. In diesen Modulen ist meist auch ein passender Verstärker eingebaut, an den ein Lautsprecher direkt angeschlossen werden kann. So hält sich der Kabelwirrwarr der Anschlussleitungen in Grenzen. Für Modellbauer, die eine schnelle Komplettlösung mit wenig Zeit- und Platzaufwand lieben, ist dies die richtige Wahl.

Decoder ohne Gehäuse zum Anschluss an einen Empfänger von Graupner. Insgesamt können hiermit 16 Funktionen angesteuert werden, wobei nur ein Sendekanal belegt wird

Dieser geöffnete Decoder kann an Empfänger der Firma robbe angeschlossen werden. Er wird beispielsweise mit dem Promars- oder Terra-Top-Sender angesteuert. Insgesamt sechs verschiedene Funktionen können hier über nur einen Senderkanal angesteuert werden

Was ist ein Decoder?

Der Decoder gehört mit zur Empfangseinheit und wird in den Empfänger eingesteckt. Er dient zur Rückgewinnung der Einzelinformationen aus dem demodulierten HF-Sender-Signal. Weiterhin ist ein Decoder noch an eine Stromquelle anzuschließen. Hierbei ist in jedem Fall die Bedienungsanleitung des jeweiligen Herstellers heranzuziehen, da es bei den Anschlüssen produktspezifische Abweichungen gibt. Bei der Digitalfernsteuerung zerlegt der Decoder das Impulstelegramm wieder in einzelne Kanalimpulse, die an den jeweiligen Kanalausgängen abgegriffen werden können. Mit anderen Worten: Die Befehle, die am Sender mit den Schaltern und Schiebern am Nautikmodul erteilt werden, werden als Sendeimpuls zum Empfänger weitergeleitet, dort verarbeitet und an den Decoder weitergereicht. Erst vom Decoder werden die im Nautikmodul erzeugten Be-

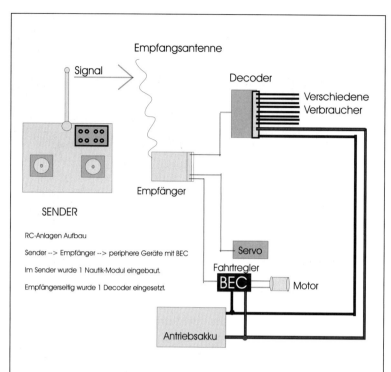

Der schematische Aufbau einer RC-Anlage mit einem Nautikmodul im Sender und einem Decoder sowie Fahrtenregler mit BEC im Schiffsmodell

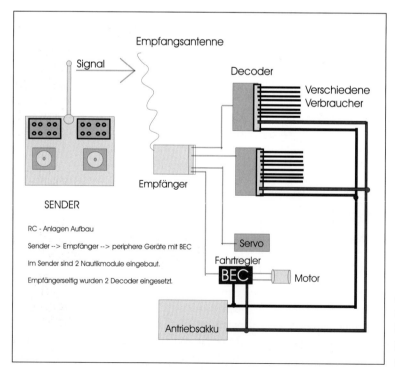

Aus dieser Zeichnung ist der Anlagenaufbau mit zwei Nautikmodulen ersichtlich

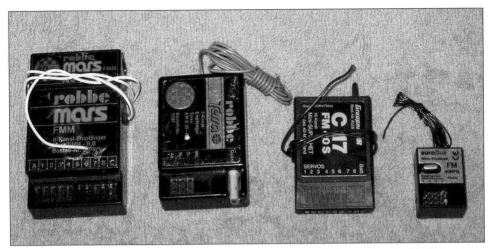

Eine kleine Auswahl an Empfängern als Größenvergleich. Nicht immer ist der baulich größere Empfänger auch der mit den meisten Kanälen. Von links: Älterer 8-Kanal- und 3-Kanal-Empfänger, daneben ein modernerer 8-Kanal- und 4-Kanal-Empfänger

Hier ein Größenvergleich von Rudermaschinen/Servos. Wird in kleinsten Beibooten ein sehr leichtes Servo benötigt, verlangt ein schwerer Schlepper wiederum nach einem super stabilen und präzise arbeitenden Servo

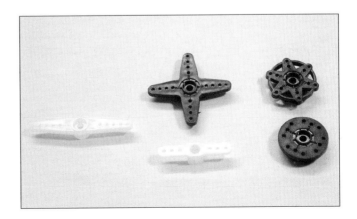

Weitere Anlenkmöglichkeiten für Servos

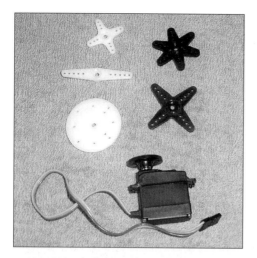

◄

Diese so genannten Ruderhörner können auf dem Servo befestigt werden und steuern zum Beispiel das Rudergestänge an

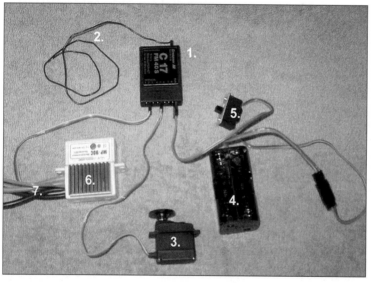

Teile einer Fernsteuerungsanlage. 1. Empfänger (das Herz der Anlage), 2. Empfangsantenne, 3. Servo, 4. Halter für Empfängerakkus, 5. Ein-/Aus-Schalter für die Inbetriebnahme der Empfangsanlage, 6. Fahrtregler, 7. Anschlusskabel des Fahrtreglers

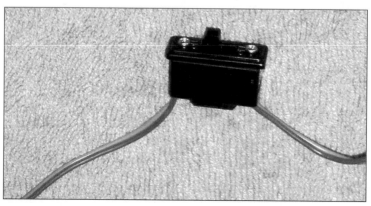

Ein-/Aus-Schalter der Empfangsanlage für den Einbau im Modell

Ein Simprop Stecker

Oben: robbe-Stecker, heute Futaba-Stecker genannt
Unten: Graupner-Stecker, heute auch JR-Stecker genannt

◄

Dies ist noch ein alter robbe-Stecker

Verlängerungs-
kabel der Firma
Simprop

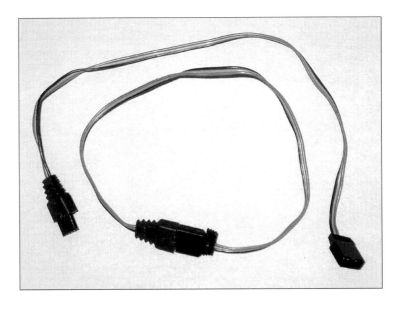

45

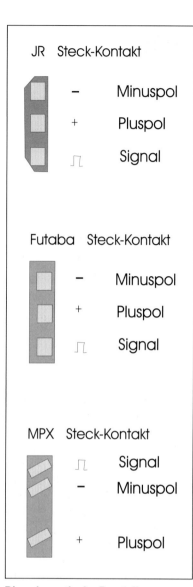

Die schematische Darstellung verschiedener Stecker-Typen

fehle wieder in Steuersignale für die angeschlossenen peripheren Geräte umgewandelt. Als Resultat werden Relais, Mikromotoren, Soundmodule, Lampen und dergleichen ein- und ausgeschaltet.

Der Decoder selbst wird in den Empfänger eingesteckt. Zusätzlich wird er mit einem zweipoligen Kabel verbunden, das an die Stromversorgung angeschlossen wird. Nun geht von jedem Kanal ein weiteres Kabel zum anzusteuernden Gerät (Radarmotor, Positionslampe, etc.) oder zu einem vorgeschalteten Relais.

Bislang haben wir also festgestellt, dass eine Grundausstattung aus folgenden Komponenten besteht:

- Sender,
- mindestens ein Servo,
- meist nur ein Fahrtenregler.

Erweiterungskomponenten sind demnach Soundmodule oder Nautikmodule und -decoder.
Leider haben noch immer die meisten Fernsteuerungsanlagen je nach Hersteller eigene Steckverbindungen. Die Fotos zeigen eine Auswahl.

JR- und Futaba-Stecker sehen fast identisch aus! Jedoch sind die JR-Systeme an den Ecken etwas abgerundet. Daher passen sie auch in die Futaba-Buchsen. Andersherum müssen die Ecken bzw. vorstehenden Nasen der Futaba-Stecker leicht abgefeilt werden, dann passen auch sie in die JR-Buchsen.

Wie zuvor beschrieben, sind JR- und Futaba-Steckverbindungen bis auf die beiden abgerundeten Ecken identisch. Mit etwas (vorsichtiger!) Feilarbeit am Stecker sind die beiden Systeme leicht kombinierbar.

Das System der Firma Multiplex hat nicht nur andere Stecker, sondern auch die Belegung der drei Kabel ist zu den anderen Anbietern verschieden. Dies ist jedoch nur für diejenigen interessant, die sich die fertigen Adapter nicht kaufen sondern lieber selbst löten möchten. Hierbei sind auf jeden Fall die „richtigen" Farben zu verwenden, um spätere Fehlerquellen (durch Vertauschen) auszuschließen.

In der Regel gilt:
- Minuspole (-) erhalten schwarze Kabel,
- Pluspole (+) erhalten rote Kabel,
- das Signal bzw. der Impuls läuft in einem weißem Kabel.

4. Die Stromversorgung

Was bisher noch fehlt und nicht erwähnt wurde, ist der Strom. Obwohl ohne Strom die ganze Sende- und Empfangsanlage gar nicht funktionieren würde, wird gerne bei Aufzählungen der peripheren Geräte die Stromquelle nicht erwähnt. Viel schlimmer noch: sie führt oft ein Schattendasein! Die allermeisten Modellbauer würdigen sie keines Blickes (höchstens beim Kauf) und erwähnen sie so gut wie nie! Die beste RC-Anlage jedoch taugt nichts, wenn die angeschlossenen Akkus ihren Dienst nicht ordnungsgemäß verrichten. Doch damit Akkus auch hundertprozentig arbeiten, müssen sie gut gewartet werden. Tipps zur Akkupflege folgen im Kapitel 5.

Zur einwandfreien Funktion einer Fernsteuerungsanlage gehört in jedem Fall eine richtig dimensionierte Stromversorgung. Zwar wird bei Komplettset-Angeboten oftmals mit billigen (Wegwerf-) Batterien der Einstiegspreis um teilweise nur wenige Cents oder Euros nach unten gedrückt, doch sollte man hier überhaupt nicht sparen. Aus diesem Grunde ist in jedem Fall eine wiederaufladbare Batterie zu empfehlen! Dann spricht man von Akkumulatoren, kurz: Akkus. Der Einstiegspreis liegt zwar etwas über dem einer normalen Batterie, doch amortisiert sich der Preis schon nach wenigen Nachladungen der Akkus. Manche Hersteller schreiben auf den wiederaufladbaren Batterien sogar, dass diese über eintausend Mal aufgeladen werden können. Dies gilt sicherlich nur, wenn man auch wirklich alle Punkte vermeidet, die ein Akkuleben verkürzen. Generell gilt aber, dass beim Einsatz in RC-Anlagen ein Satz Akkus meist mehrere Jahre problemlos seinen Dienst verrichtet.

Um die Akkuzellen wieder aufladen zu können, benötigt man ein geeignetes Ladegerät, auch dazu mehr in Kapitel 5.

4.1. Der Senderakku

Die hierfür benötigten Akkus liegen meist in speziellen „Batterie"-Fächern, die sich im Innern des Senders befinden. Oder es sind im Sender nur Halterungen angebracht, in die bereits konfektionierte Akkublocks oder Akkustangen eingeschoben werden. Dies sind mehrere Einzelzellen, die bereits (ab Werk) zusammengelötet, an passende Kabel mit Stecker angelötet und mit Schrumpfschlauch oder einer Plastikhülle umzogen wurden. Hier gilt es jetzt Folgendes zu beachten: Die vom Hersteller genannte Senderspannung darf nicht überschritten werden! Dies hätte eine Zerstörung der elektronischen Bauteile im Senderinnern zur Folge, was natürlich zum Ausfall des Senders führen würde. Aber ebenso wenig darf die angegebene Spannung unterschritten werden, denn dann funktioniert der Sender nicht. Heute liegen den meisten Sendern passende Akkus bei, so dass man sich hierüber bei einer Erstausstattung mit Neugeräten keine Gedanken machen muss. Anders sieht das bei gebrauchten Geräten aus.

Hier sollte man darauf achten, dass mit dem Sender auch die original Gebrauchsanweisung erworben wird, die über den passenden Senderakku Auskunft gibt. Futaba- (robbe) und JR-Sender (Graupner) werden gewöhnlich mit 9,6 Volt betrieben, den Sendern von Multiplex genügen 7,2 Volt. Um mit NiCd- oder NiMH-Akkuzellen 9,6 Volt zu erreichen, müssen acht dieser Zellen mit einer Spannung von je 1,2 Volt in Reihe geschaltet werden. Dabei ist darauf zu achten, dass nur gleichartige Zellen eingesetzt werden.

Eine weitere Zahl, die vom Hersteller für die Stromversorgung angegeben wird, lautet Ampere pro Stunde (abgekürzt Ah: A = Ampere, h = englisch für hour = Stunde). Der angegebene Wert (Ah) sagt aus, wie lange (h) eine bestimmte Stromlast (A) von der Spannungsquelle abgegeben werden kann, man spricht von der Kapazität des Akkus. Die Hersteller von Akkus bieten in derselben Baugröße Zellen unterschiedlicher Kapazität an. Meist gilt: Je größer die Kapazität, desto teurer ist auch der Akku. Akkus gleicher Baugröße können durchaus Kapazitätsunterschiede von 200-300% aufweisen. Akkus mit hoher Kapazität haben neben der längeren Betriebsdauer des Senders, die sie ermöglichen, auch den Vorteil, dass ihr Gewicht meist nur geringfügig höher ist, als bei den baugleichen Zellen mit geringerer Kapazität. Da man den Sender normalerweise während des Betriebs

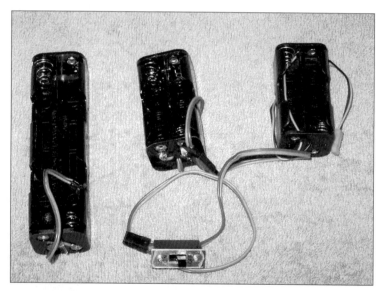

Verschiedene Akkuhalter, links für den Sender (acht Zellen), daneben zwei Halterungen für vier Zellen für die Empfängerstromversorgung

Damit dieser Akku für verschiedene Herstellertypen passt, wurde der Stecker für den Senderanschluss über eine Steckverbindung angeschlossen

Ein altes, unverpolbares Empfängerstromkabel der Firma robbe

Die komplette Verbindung von Empfängerakku, Stromversorgungskabel und Empfänger. Die noch freie Buchse ist für den Stecker des Ladekabels vorgesehen

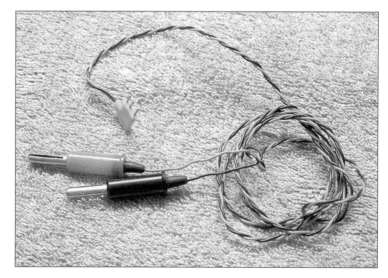

Ein Empfängerakkuladekabel der Firma robbe

selbst tragen muss, ist ein moderner, leichter Senderakku mit Hochkapazitätszellen ein wichtiger Pluspunkt in der Bedienerfreundlichkeit. Die von den Sender-Herstellern empfohlenen Werte für die Senderakku-Kapazitäten sind sehr unterschiedlich und hängen vom Stromverbrauch des Senders ab. Generell gilt hier: Computersender verbrauchen deutlich mehr Strom als die einfachen Sender ohne eingebauten Mikrocomputer.

Der Senderakku wird mittels Kabel und angelötetem Stecker in die dafür vorgesehene Buchse eingesteckt. Ein Display oder eine Batterieanzeige geben über den Ladezustand des Akkus Auskunft. Meist ist in den Sendergehäusen eine Ladebuchse für den Senderakku eingebaut. Mittels eigens hierfür hergestellten Ladekabeln (herstellertypisch unterschiedlich), kann der Akku im eingebauten Zustand geladen werden.

4.2. Der Empfängerakku

Selbstverständlich muss auch die ganze Empfangseinheit mit den peripheren Geräten mit Strom versorgt werden. Auch hierfür werden wiederaufladbare Zellen genommen und die

Angaben des Herstellers sind in jedem Fall zu beachten. Die meisten Hersteller von Empfängern geben eine Spannung von 4,8 bis 6,0 Volt an. Wir sprechen also von 4 oder 5 Zellen. Hier darf bei den allermeisten Anlagen sogar die Nennspannung 6.0 Volt betragen. Es hat den (meist positiven) Nebeneffekt, dass die Servos schneller und kräftiger arbeiten. Für die Kapazität gilt auch hier das beim Senderakku Erwähnte.

Die Akkus werden in einem Schiffsmodell jedoch nicht fest am Empfänger (wie beim Sender) angeschlossen. Die Aufbewahrung der Einzelzellen erfolgt in speziellen Batteriehaltern. Diese sind mit einem Kabel und einem Stecker, der in den Empfänger passt, versehen. Die meisten Anlagen werden jedoch noch mit einem Schalterkabel ausgeliefert. Hieran ist sowohl eine Buchse als auch ein Stecker angebracht. Zusätzlich befindet sich in der Leitung noch ein Schalter, der mittels zweier Schrauben auch am bzw. im Modell befestigt werden kann. Dieses Schalterkabel wird nun zwischen Batteriekasten und Empfänger gesteckt. Es dient dem Ein- und Ausschalten der Empfangsanlage. Viele Schal-

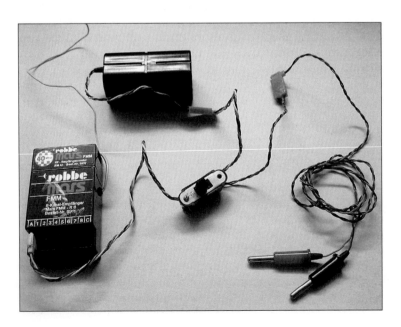

Hier wurde das Ladekabel in die noch freie Buchse eingesteckt. So könnte der Empfängerakku geladen werden. Natürlich sollte der Wahlschalter im Kabel dabei auf „off" = aus stehen

Hier wurden in einer auf Deck stehenden Kiste gleich der Schalter und die Ladebuchse wasserdicht untergebracht

terkabel haben noch ein weiteres Kabel mit Buchse angebracht bekommen. Daran kann dann wieder ein spezielles Ladekabel angeschlossen werden, um die eingebauten Empfangsakkus ohne Ausbau jederzeit bequem nachladen zu können. Das entsprechende Ladekabel wird am Ladegerät und dem Empfängerakku-Schalterkabel angeschlossen.

Bei dieser Art der Empfängerakkuladung muss natürlich das Schiffsmodell geöffnet werden, um an die entsprechende Ladebuchse zu gelangen. Wer sich jedoch mit dem Löten und kleinen Kippschaltern schon auskennen sollte, dem empfehle ich, eine eigene Ladevorrichtung zusammenzusetzen. Auch hier wird wieder zwischen dem Empfängerakku und dem Empfänger ein Verbindungskabel mit Schalter benötigt. Doch dies kann man selbst herstellen. Falls keine weiteren Stecker der entsprechenden Empfangsanlage vorhanden sein sollten, kann das vorliegende Kabel auch jeweils an dem vorhandenen Schiebeschalter abgetrennt werden. Die beiden Anschlüsse mit dem abgeschnittenen Kabel für den Empfänger und die Akkuhalterung werden noch benötigt. Nun braucht man noch

einen 6-poligen Kippschalter mit 2 × UM (er schaltet in zwei Richtungen – also 2 × UM), der keine Mittelstellung hat. Somit wird er nur nach vorne oder zurück bewegt. Zweckmäßigerweise wird er so eingebaut, dass der Schalter zum Bug des Modells zeigt, wenn die Anlage eingeschaltet ist, und zum Heck, wenn die Anlage ausgeschaltet ist.

Nun wird an den mittleren Steckerpins je ein rotes und ein schwarzes Kabel (Plus- und Minuspol müssen farblich gut gekennzeichnet werden) angelötet. Danach ist über die Anschlusslötstelle ein Schrumpfschlauch anzubringen. Schrumpfschläuche sind Isolierschläuche, die es in den verschiedensten Durchmessern und Farben gibt. Man wählt sie ein wenig größer (im Durchmesser) als die Kabel, damit sie sich später noch bequem über die Lötstelle schieben lassen. Wenn sie am Bestimmungsort (über dem blanken Kabel bzw. der Lötstelle) aufliegen, werden sie leicht erhitzt. Dadurch schrumpfen sie und liegen gut am Kabel an und isolieren sogar gegen Wasser. Erhitzen kann man den Schlauch mit einer kleinen Flamme aus dem Feuerzeug, vom Streichholz oder mit einem Haarfön. Von der Verwendung des gerade eingeschalteten Lötkolbens rate ich ab, denn Gummi bzw. Kunststoff hat nichts an einem Lötkolben zu suchen! Die verschmutzte Lötspitze verhindert ein sauberes Zerfließen des Lötzinns. Eine gute, haltbare und saubere Lötarbeit ist dann nicht mehr möglich! Wenn die genaue Länge des Kabels ermittelt ist, wird es abgeschnitten und mit dem Kabel verbunden, das zum Empfängerakku geht. Vor dem Verbinden der neuen Kabelverbindung sind die Akkus jedoch aus der Akkuhalterung zu entnehmen. Auch hier werden die Kabel angelötet. Dabei nicht vergessen, vorher den Schrumpfschlauch über das rote und schwarze Kabel zu ziehen. Nach dem Lötvorgang kann nun der Schrumpfschlauch über die Lötstelle geschoben und erwärmt werden. Die beiden Pins der einen Seite werden mit den gleichfarbigen Kabeln verbunden und führen nun zu dem

Beispiele für zweipolige Ladebuchsen und Stecker. Die Lautsprecheranschlüsse sind ebenso unverwechselbar wie die hier gezeigten Chinchanschlüsse

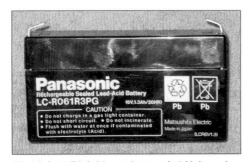

Ein kleiner Bleiakkumulator mit 6 Volt und einer Kapazität von 1,3 Ah

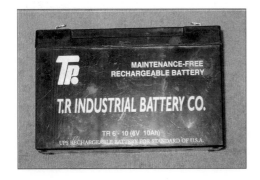

Kabel, welches in den Empfänger eingesteckt werden soll. Auch hier wieder alle Lötpunkte mit Schrumpfschlauch isolieren.

Nun sind noch zwei Pins der anderen Seite am Kippschalter frei. Hier werden ebenfalls farblich gleiche Kabel an der jeweiligen Seite an- und mit einer Einbaubuchse verlötet. Dabei bleibt es jedem Modellbauer überlassen, für welche Anschlussart er sich entschließt. Man kann beispielsweise die unverwechselbaren 2-poligen Lautsprecheranschlüsse nehmen (ein runder und ein länglicher Pin) oder Diodenbuchsen mit drei oder fünf Polen oder die kleineren 2-poligen Chinchbuchsen. Ich verwende seit vielen Jahren Chinchbuchsen, da sie sich aufgrund ihrer Baugröße hervorragend am bzw. auf dem Modell verstecken lassen und somit auch gegen Wasser geschützt sind. Bei Chinchbuchsen sollten die Kabel folgendermaßen angeschlossen werden: Der Außenmantel, das ist das freiliegende Metall, sollte am Minuspol (schwarz) und der innenliegende Pluspol am roten Kabel angeschlossen werden.

Nun können die Akkus wieder eingesetzt und alle Stecker eingesteckt werden. Wenn nun, nach dem richtigem Einbau, der Schalter nach vorne zeigt, liegt der Akkustrom am Empfänger an. Wenn dann der Schalter wieder zurückgezogen wird, liegt der Akkustrom an der Ladebuchse an. Dort kann dann auch mit einem Testgerät die aktuelle Spannung des angeschlossenen Akkus abgelesen werden.

Jetzt muss nur noch für die gewählte Ladebuchse ein passender Stecker gefunden und mit einem weiteren zweipoligen Kabel verbunden werden. Wegen der besseren Übersicht nimmt man auch hier wieder möglichst ein schwarzes und ein rotes Kabel. Entsprechend der Ladebuchse werden die beiden Kabel angelötet, mit Schrumpfschlauch versehen und

◄

Mittlere Größe eines Bleiakkumulators mit 6 Volt und 10 Ah

Schaltskizze für den Anschluss eines Kippschalters mit Ladebuchse zwecks Verbindung des Empfängerakkus mit dem Empfänger. Die Skizze ist auch anwendbar bei der Versorgung des Motors mit einem separaten Fahrakku

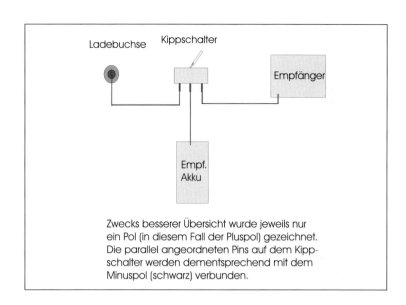

Ladebuchse   Kippschalter

Empfänger

Empf. Akku

Zwecks besserer Übersicht wurde jeweils nur ein Pol (in diesem Fall der Pluspol) gezeichnet. Die parallel angeordneten Pins auf dem Kippschalter werden dementsprechend mit dem Minuspol (schwarz) verbunden.

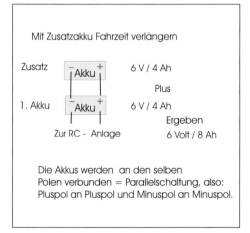

Mit Zusatzakku Fahrzeit verlängern

Zusatz   Akku   6 V / 4 Ah
                 Plus
1. Akku   Akku   6 V / 4 Ah
                 Ergeben
Zur RC - Anlage   6 Volt / 8 Ah

Die Akkus werden an den selben Polen verbunden = Parallelschaltung, also: Pluspol an Pluspol und Minuspol an Minuspol.

Mit dieser Schaltungsart (Parallelschaltung) von zwei gleichstarken Akkus erreicht man eine fast doppelt so lange Fahrzeit. Das Zusatzakku wird polgleich (also Pluspol an Pluspol und Minuspol an Minuspol) angeschlossen

am anderen Ende noch Bananenstecker, die passen dann in das Ladegerät, angebracht. Die Zeichnung rechts oben erklärt nochmals den zuvor beschriebenen Stromfluss. Bisher wurden nur Akkus vorgestellt, die entweder für die Sender- oder Empfängerstromversorgung benötigt werden. Es gibt in einem Schiffsmodell aber noch eine weitere Stromquelle.

4.3. Der Fahrakku

Dieser Akku ist in vielen Fällen ein Bleiakkumulator mit hoher Kapazität. Wenn ein Bootsrumpf es ermöglicht, nimmt man statt eventuellem Zusatzblei zur Trimmung lieber einen größeren Bleiakku und erhöht so die Fahrzeit, die, je nach angeschlossenen Verbrauchern, viele Stunden betragen kann.

Wie in meinem Buch „Elektrik für Schiffsmodellbauer" (VTH-Bestell-Nr. 310.2144) ausführlich erklärt, will ich auch hier davor warnen, so genannte Billigakkus zu kaufen. Manchmal werden Akkus, die mindestens schon ein Jahr in einer Alarmanlage ihren Dienst versehen haben und immer wieder beigeladen wurden, als angebliche Schnäppchen angeboten. Die Herkunft wird oftmals vorsätzlich verschwiegen! Daher sollte man sich vor dem Kauf in jedem Fall immer die Anschlusspole ansehen. Haben sie Kratzer, wurde der Akku schon eingesetzt. Ein weiterer Punkt ist das Herstellungsdatum. Auch wenn dieses Datum als verschlüsselte Zahl

53

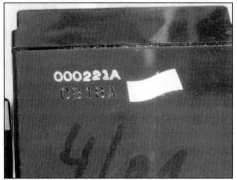

Bleiakkus mit aufgedrucktem Herstellungsdatum

„schwarz auf schwarz" und somit fast nicht sichtbar eingraviert wurde, ist sie doch festzustellen. In den nachfolgenden Beispielen wurde das Datum aus fototechnischen Gründen mit Klebestreifen kenntlich gemacht.

4.4. Die Auswahl der Akkus

Wie oben schon erläutert, bestehen unsere Akkus aus mehreren miteinander verbundenen Zellen.

Am weitverbreitetesten und auch preiswertesten sind die Nickel-Cadmium-Zellen (NiCd). Aus anderen Elektronikbereichen, wie Digitalkameras, sind die Nickel-Metall-Hydride-Akkus (NiMH) bekannt. Die sind zwar in der Anschaffung etwas teurer als die NiCd-Akkus, doch leisten sie mehr und geben ihre Kapazität gleichmäßiger ab, was einem störungsfreien und sicheren Fahrbetrieb sicherlich entgegen kommt, weshalb ich die NiMH-Akkus den NiCd-Akkus vorziehe. Diese Zellen eignen sich sowohl für den Sender wie für die Empfangsanlage.

5. Das Ladegerät

Hier sind vielen Lesern sicherlich schon einige Ladegeräte bekannt, da heute fast nichts mehr ohne Batterien bzw. Akkus betrieben wird. Und so liegen zu Hause meist Ladegeräte für Handys, Freisprecheinrichtungen, schnurloses Telefon oder für die Akkus der Fernbedienung der Audio-/Videoanlage herum. Auch wenn sie sich äußerlich oft ähnlich sehen, ist ihr Innenleben meist sehr unterschiedlich. Es gibt Ladegeräte, die nur für Nickel-Cadmium-Zellen vorgesehen sind. Andere Geräte sind speziell für Bleiakkus konzipiert. Aus diesem Grunde werden nachfolgend einige Ladegeräte vorgestellt, die vielleicht schon bekannt bzw. vorhanden sind und teilweise auch für die Ladung der Akkus einer Fernsteueranlage zum Einsatz kommen können.

5.1. Auswahlkriterien

Die vorgenannten Ladegeräte sind zwar sehr klein und preiswert, aber eigentlich nicht für den Schiffsmodellsport zu empfehlen. Die abgegebenen Ladeströme (mA) reichen für eine halbwegs schnelle Ladung größerer Zellen nicht aus!

Der Einsteiger, der auch auf lange Sicht (also auch noch in ein paar Jahren) nur ein kleines Schiffsmodell mit einer RC-Anlage betreiben will, kommt hier in jedem Fall mit einem so genannten (preiswerten) Multilader, wie sie von vielen Herstellern angeboten werden, zurecht. Sie haben je nach Hersteller und Bauart Ladeausgänge mit beispielsweise 50,

100, 150 und 500 mA. Verschiedene Geräte lassen auch Ladungen mit addierten Strömen der einzelnen Ausgänge zu. Das heißt, dass einige Ladeausgänge zusammengeschaltet werden können. Beispielsweise 50 + 100 + 150 gleich 300 mA Ausgangsladeleistung. Die Preise für einen Multilader liegen derzeit bei etwa 30,- bis 40,- Euro. Beim Verbinden der Akkus und dem (Multi-)Ladegerät mittels Ladekabel ist unbedingt auf die richtige Pola-

Ein sehr preiswertes Ladegerät, leider nur für NiCd-Zellen einer Baugröße (Mignon) geeignet

Auch dieses preiswerte Gerät kann nur NiCd-Zellen im Mignon-Format laden. Der Vorteil bei diesem Gerät liegt darin, dass hier schon ein Wahlschalter vorhanden ist, mit dem man zwischen Laden und Entladen des Akkus wählen kann

▲ Dieses modernere Ladegerät kann schon die neuen NiMH-Akkus laden. Neben der gleichzeitigen Ladung von vier Zellen können wahlweise auch zwei 9-Volt-Blöcke geladen werden

Dieses Ladegerät zeigt, dass es verschiedenste Bauformen aufnehmen kann. Zwischen den nur aus fototechnischen Gründen eingelegten Zellen (vier verschiedene Größen) sind noch die zwei Anschlussmöglichkeiten für 9-Volt-Blöcke zu sehen. Ein weiterer Vorteil ist der Wahlschalter, der links im Bild die drei Möglichkeiten anzeigt: T für Testen, L für Laden und E für Entladen der eingelegten Akkus

Dieses Foto zeigt
einen preiswer-
ten Multilader mit
verschiedenen
Ausgängen für
die gängigsten
Zellengrößen

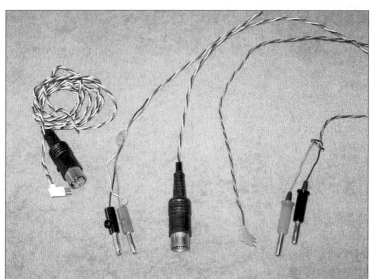

Ladekabel für
Sender- und
Empfängerakkus

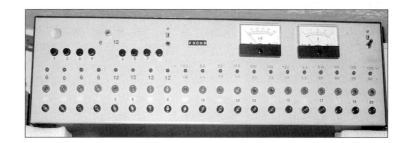

Ladegerät
Eigenbau

rität zu achten! Eine versehentliche Verpolung des Akkus am Ladegerät (Minus und Plus wird vertauscht) hat nach einem Kurzschluss dann in der Regel auch die Zerstörung der Zelle bzw. des kompletten Akkus zur Folge, in vielen Fällen sogar die Zerstörung des Ladegeräts! Kurzzeitiges Falschanklemmen des Akkus (wenige Sekunden) erhöht hingegen meist nur den Adrenalinspiegel des leichtsinnigen Modellbaukollegen.

Als ich irgendwann mit einem Multilader nicht mehr auskam, stellte sich mir die Frage: Ein zweites Ladegerät kaufen oder ein Ladegerät selbst bauen? Das Foto auf Seite 57 unten zeigt ein Ladegerät, welches in den 1980er-Jahren von mir gebaut wurde. Neben einem Haupteinschalter gibt es noch zwei weitere, voneinander getrennte Einschalter, die die Teilbereiche des Laders aktivieren, einmal für bis zu acht Bleiakku-Zellen und einmal für bis zu zwölf NiCd-Akku-Zellen. Ladeleistungen von 50, 120, und 150 mA waren einstellbar. Alle Wahlschalter zeigen durch eine LED den Betrieb an. Diese Bereiche sind alle einzeln mittels eingebauter Potis jederzeit neu einstellbar. Es gibt Wahlschalter für je 4 × 6 Volt und 4 × 12 Volt zum Laden von Bleiakkus. Die Ladeleistung passt sich beim Bleiakkuladen automatisch dem momentanen Ladezustand des Akkus an. Alle Ausgänge haben eine parallelgeschaltete LED, die jeweils anzeigt, ob der entsprechende Akku gerade geladen wird (Blinklicht) oder ob er schon voll ist (Dauerlicht). Die beiden analogen Anzeigeinstrumente zeigen gemäß den acht möglichen Druckschaltern, mit wie viel mA der betreffende Akku geladen wird. Das zweite Instrument zeigt die derzeitige Spannung an.

Seit einigen Jahren hat auch das Selbstbau-Ladegerät bei mir (fast) ausgedient. Da immer mehr NiMH-Akkus angeboten und von mir auch eingesetzt werden, und deren Ladevorgänge von denen der NiCd-Akkus abweichen, blieb mir hier nur dieser Schritt.

Ein weiterer Vorteil neuzeitlicher Ladegeräte ist, dass diese auch erkennen können, ob eine Zelle defekt ist. Auch hier erhält man im Display eine hilfreiche Anzeige. Das gezeigte Ladegerät von Sommer kann neben Bleiakkus auch NiCd-, NiMH-, Lithium-Ionen- und Lithium-Ionen-Polymer-Akkus laden.

Neben dem eigentlichen Laden kann so ein „Computer"-Ladegerät auch Akkus nach dem Laden wieder entladen oder Akkus nur entladen. Auch kann hiermit in mehreren Zyklen (Wiederholungen) geladen und entladen werden. Dies geschieht so lange, bis keine Kapazitätserhöhung beim Akku mehr messbar ist. Danach erfolgt nur noch eine Erhaltungsladung. Moderne Geräte können nach dem Laden die Überprüfung des Akkus übernehmen und diesen bei Bedarf immer wieder nachladen. Sollte also so ein Akku über Wo-

Dieses mikroprozessorgesteuerte Ladegerät der gehobenen Preisklasse der Firma Sommer aus Erkelenz hat einen ganz großen Vorteil: Es ist gegen Verpolung und Kurzschluss gesichert

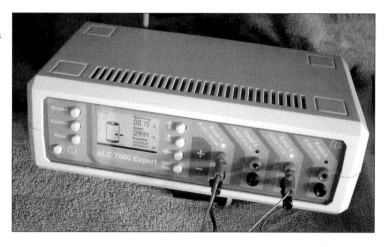

Das ALC 7000 Expert von ELV aus Leer. Es können auf vier verschiedenen Kanälen Akkutypen verschiedenster Kapazität geladen werden. Selbstverständlich kann an jedem Ausgang ein anderes Programm, wie Entladen/Laden, Regenerieren, Auffrischen oder nur Entladen oder Laden, eingestellt werden. Ebenso ist die Eingabe der Lade- und Entladeströme möglich. Dieses Gerät verfügt wahlweise über eine serielle Schnittstelle und gibt dann die Ladedaten an einen PC aus

chen (beispielsweise in den Wintermonaten) am Ladegerät angeschlossen sein, puffert der Lader immer so viel nach, wie der Akku an Kapazität verliert. Somit ist er im Einsatzfall immer voll. Dieses Vorgehen empfiehlt sich bei Bleiakkus, nicht so sehr bei NiCd-Akkus, diese wollen lieber im entladenen Zustand über längere Zeiträume gelagert werden. Auch können Akkus aufgefrischt oder gar formiert werden, ich nenne es auch „wiederaufleben" lassen. Mit diesem Programm können oftmals „tot geglaubte" Akkus wieder zur Einsatzbereitschaft gebracht werden. Auch deshalb dürfte der finanzielle Vorteil hier schon den hohen Kaufpreis dieser Ladegeräte erträglich machen.

Es gibt Computerlader, die über ein Schnittstellenkabel mit dem PC verbunden werden können. Mittels mitgelieferter Software (Computerprogramm) können dann am Computer die Ladedaten abgerufen, grafisch aufbereitet und archiviert werden. Aus diesen Listen ist ersichtlich, wie lange (Zeit) mit welcher Leistung (mA) geladen wurde und welche Ladeschlussspannung (V) erreicht wurde. Es werden auch alle einzelnen Ladezyklen

eines Akkupacks festgehalten und dargestellt, so kann die Alterung eines Akkupacks sichtbar gemacht werden und das Ende seiner Einsatzbereitschaft wird absehbar.

Weitere beim Kauf zu beachtende Kriterien sind:

- wie viele Ausgänge hat ein Ladegerät,
- wie viele Ausgänge davon können gleichzeitig betrieben werden.

Bei dem vorgestellten Ladegerät von der Firma Sommer können alle fünf Ausgänge gleichzeitig genutzt werden. Ebenfalls können zur selben Zeit für alle Ausgänge verschiedene Ladeprogramme gewählt werden und dies auch noch für die unterschiedlichsten Akkutypen, solange der maximale Ladestrom von 3 Ampere nicht überstiegen wird. Sollte also ein Akku schnell voll geladen sein, fällt der benötigte Ladestrom an diesem Kanal ab. Zur selben Zeit wird dann an einem anderen Kanal bzw. an allen restlichen Kanälen, falls es notwendig sein sollte, der Ladestrom (auf die Maximalleistung) automatisch erhöht, bis auch die Akkus an diesen Ausgängen ihre Ladeschlussspannung erreicht haben.

Wer schon mehrere Akkus besitzt, auch für die Zukunft verschiedene Schiffsmodelle mit unterschiedlichen Sonderfunktionen plant und daher viele unterschiedliche und hochwertige (teure) Akku-Zellen im Einsatz hat, der sollte auch an der Ladetechnik nicht sparen und die etwa 200,- bis 350,- Euro für ein mikroprozessorgesteuertes Ladegerät investieren. Hochwertige Geräte haben eine sehr lange Lebensdauer und decken neben dem Hobbybereich auch den ganzen Haushalts- und Werkstattbereich ab.

5.2. Ladeprogramme

Die meisten neuen Ladegeräte sind nicht mehr „Nur-Ladegeräte". Mit vielen zusätzlichen Programmen können sie neben dem eigentlichen Laden von Akkus z. B. auch gealterte Akkus fast wieder zu ihrer früheren Leistungsfähigkeit verhelfen. Unter anderem gibt es (je nach Hersteller verschieden) folgende Zusatzprogramme:

- Laden: Der Akkusatz wird bis auf 100% seiner Kapazität aufgeladen. Danach wird auf automatisches Erhaltungsladen umgeschaltet.
- Entladen: Entladung bis zur Entladeschlussspannung. Die dem Akku entnommene Kapazität wird angezeigt.
- Entladen/Laden: Nach der Entladung bis zur Entladeschlussspannung wird automatisch der Ladevorgang gestartet. Auch hier wird die dem Akku entnommene Kapazität angezeigt.
- Test/Kapazitätsmessung: Dient der genauen Messung der effektiven Akkukapazität. Zuerst beginnt ein Lade-Entlade-Zyklus mit Messung und Anzeige der entladenen Kapazitäten. Danach erfolgt die vollautomatische Vollladung und zum Schluss wieder die Umschaltung auf die Erhaltungsladung.
- Zyklen/Regenerieren: Akkupacks, die längere Zeit nicht benutzt wurden oder sogar schon einen Memory-Effekt haben, werden mit diesem Spezialprogramm mehrmals Lade-Entlade-Zyklen unterzogen, bis keine

Kapazitätssteigerung mehr festzustellen ist. Hiernach erfolgt wieder die Erhaltungsladung.
- Auffrischen: Nicht mehr einwandfreie oder tiefentladene Akkus können so wieder „zum Leben erweckt" werden. Zuerst wird mit Stromimpulsen ein Zellenkurzschluss beseitigt. Hiernach erfolgen mehrere Lade-Entlade-Zyklen.
- Test: Einmaliger, kompletter Lade-Entlade-Zyklus mit Messung und Anzeige der entnommenen Kapazität. Danach wieder Umschaltung auf Impulserhaltungsladung.
- Bleiakku-Aktivator: Dieses Programm ist meist nur in hochpreisigen Geräten integriert, bietet aber z. B. bei Motorrädern oder anderen saisonal genutzten Geräten, die mit Bleiakkumulatoren ausgestattet sind, die Möglichkeit, durch periodische Spitzenstromimpulse die schädlichen Sulfatablagerungen an den Bleiplatten zu verhindern. So ist der Akku auch nach einem langen Winter wieder einsatzbereit.
- Akku Ri Messfunktion: Ermöglicht die Messung des Innenwiderstandes eines Akkus.

Nachfolgender Punkt ist für die meisten Schiffsmodellbauer eher unwichtig, aber für den experimentierfreudigen Rennbootfahrer sicher von großem Vorteil:
- Serielle Schnittstelle: Ist Computeranwendern sicherlich bekannt. Über ein Kabel und mit einem Computerprogramm kann das Ladegerät an einen Computer angeschlossen werden. Die im Gerät gespeicherten Daten können nun im Computer ausgewertet, in andere Programme aufgenommen oder die Listen sogar ausgedruckt werden.

5.3. Ladung eines Akkus

Die Ladung mit konstantem Strom bezieht sich immer auf die Nennkapazität. Wenn ein Akku mit beispielsweise 1.500 mAh angegeben wird, bedeutet dies, das mit 1/10 der Nennkapazität, also 1.500 geteilt durch 10 gleich 150 mAh, geladen wird.

Nachfolgende Ladearten stehen zur Verfügung:

- Standardladen: Die Dauer beträgt 14-16 Stunden. Der eingestellte Strom beträgt 1/10 der Nennkapazität.
- Beschleunigtes Laden: Die Dauer beträgt 4-6 Stunden. Der eingestellte Strom beträgt 3/10 bis 4/10 der Nennkapazität.
- Schnellladen: Die Dauer beträgt 1-1,5 Stunden. Der eingestellte Strom beträgt das 1,0 bis 1,5fache der Nennkapazität. Achtung! Es dürfen nur eigens für die Schnellladung zugelassene Akkus auch wirklich schnell geladen werden! Dies ist meist auf der Akkuzelle vermerkt.
- Erhaltungsladen: Dauer: kontinuierlich. Der eingestellte Strom beträgt maximal 1/30 der Nennkapazität.
- Übergangsladen: Zweistündige Impulsladung mit 10% des maximalen Ladestromes.

Die nachfolgenden Fotos zeigen eine Reihe von verschiedenen Ladekabeln. Hier sind an einer Seite jeweils ein schwarzer und roter Bananenstecker (Plus- und Minuspol, wird in das Ladegerät eingesteckt) angelötet. Auf der anderen Seite befindet sich der passende Stecker für die entsprechenden Sender- oder Empfängerladebuchsen bzw. den Akkuhalter. Für die Empfangsanlage wird meist im Modell eine separate Buchse angebracht. Hierfür wird dann ein passendes Ladekabel preiswert selbst angefertigt.

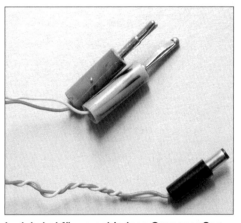

Ladekabel für verschiedene Graupner Sender

Ladekabel für Simprop Empfänger

▶
Ladekabel für robbe oder Simprop Sender

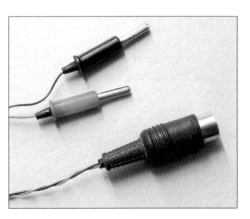

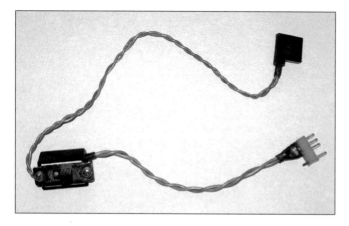

Akku und Empfängerverbindung mit Ein-/Aus-Schalter von Simprop

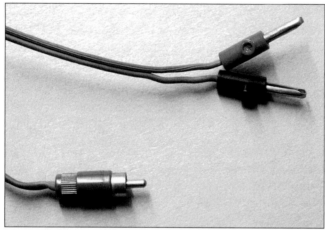

Ladekabel mit Chinchstecker

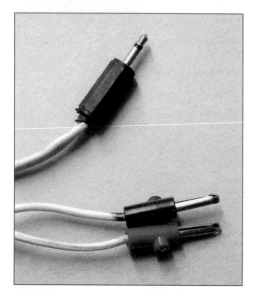

Selbst hergestelltes Ladekabel für die Empfangsanlage bzw. den Fahrakku mit kleinem Klinkenstecker

6. Einsatz des Multimeters

6.1. Abschätzung der Betriebsdauer

Der Stromverbrauch richtet sich unter anderem nach dem Typ und der Anzahl der angeschlossenen peripheren Geräte. Weiterhin spielt die Häufigkeit und der Leistungsbedarf der Bewegungen/Schaltvorgänge eine entscheidende Rolle. Ein weiterer Punkt ist die Umgebungstemperatur. Bei Kälte sinkt die Betriebsdauer erheblich. Aus Sicherheitsgründen sollte mit dem Nachladen des Akkus nicht so lange gewartet werden, bis die Servos merklich langsamer reagieren! Defekte Akkus sollten nicht länger eingebaut bleiben. Sie gehören aber auch nicht in den Hausmüll! Akkus können derzeit immer noch an speziellen Sammelstellen kostenfrei abgegeben werden.

Wer sich schon mit Amperemessungen auskennen sollte, kann diese im Bastelraum durchführen und den Verbrauch pro Stunde hochrechnen. Für alle diejenigen, die sich hiermit noch nicht auskennen, kommt hier die Beschreibung des Testablaufs:

1. Um eine Amperemessung durchführen zu können, benötigt man ein Messgerät mit einer möglichst hohen Amperezahl (mindestens 10 A, besser jedoch 20 A). Weiterhin werden Prüfkabel bzw. Kabel mit Krokodil-Klemmen benötigt.

2. Nun wird die komplette Empfangsanlage, die vom Akku versorgt werden soll, am Akku angeschlossen.

3. Dann wird ein Kabel, welches zur Batteriehalterung geht, abgezogen bzw. abgelötet.

4. Dieses nun abisolierte Kabelende wird mit einer Krokoklemme festgehalten.

5. Das dazugehörige Kabel hat an beiden Enden diese Klemmen, wovon nun die zweite Klemme an eine der Prüfspitzen des Testgeräts angeklemmt wird.

6. Mit einem zweiten Testkabel (mit zwei Krokoklemmen) wird nun die zweite Prüfspitze des Testgeräts verbunden.

7. Die zweite Krokoklemme wird an der Lötstelle des Akkuhalters angeklemmt, wo das Stromkabel abgetrennt wurde.

8. Am Testgerät wird VOR dem Einschalten kontrolliert, ob das Gerät auf die höchste Amperestufe eingestellt wurde und ob das Testkabel in den eigens für Amperemessungen vorhandenen Ausgang gesteckt wurde.

9. Das Testgerät wird eingeschaltet.

10. Der Sender wird eingeschaltet.

11. Der Hauptbetriebsschalter (Ein-/Aus-Schalter im Stromversorgungskabel) wird auf ON = An geschaltet.

12. Die aktuelle Stromaufnahme kann jetzt im Testgerätdisplay abgelesen werden.

13. Nun werden alle empfängerseitig belegten Kanäle gleichzeitig angesteuert. Dazu werden beim Sender alle dementsprechenden Knüppel und Schalter betätigt.

14. Hierbei kann die nun wesentlich höhere Stromaufnahme unter Belastung ebenfalls abgelesen werden.

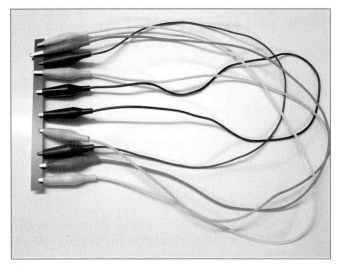

Die Messkabel mit den beiden Krokodilklemmen an jeder Seite. Günstig ist hier, dass es diese Messkabel mit verschiedenen Farben gibt. So können auch aufwendigere Tests überschaubar durchgeführt werden

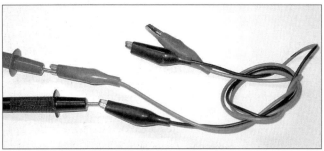

Hier wurden die Messkabel mittels Krokoklemmen an den Prüfspitzen des Testgeräts angeschlossen

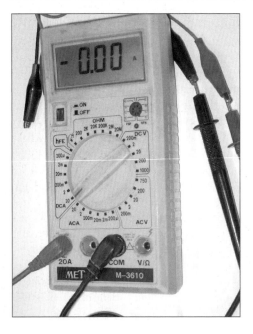

Nun wurden die Messkabel mit den Testkabeln bzw. Prüfspitzen am Testgerät angeschlossen. Gut ist hier zu erkennen, dass das Messkabel im 20-Ampere-Ausgang des Testgeräts eingesteckt wurde. Ebenfalls wurde der Wählbereich mit der Drehscheibe auf 20 A eingestellt. Da während der Aufnahme kein Verbraucher angeschlossen war, zeigt das Display des Testgeräts 0,00 A an

Diejenigen, die bereits ein regelbares Netzgerät besitzen, können die Empfangsanlage auch hiermit testen:

1. Am einfachsten werden dazu die vier Zellen aus der Akkuhalterung entnommen.

2. Nun wird der (rote) Pluspol des Netzgerätausgangs mittels Krokodil-Klemme und Testkabel mit dem Pluspol der Akkuhalterung verbunden.

3. Hiernach werden auch die (schwarzen) Minuspole des Netzgerätes und der Akkuhalterung mit einem Testkabel verbunden.

4. Der Sender wird eingeschaltet.

5. Vor dem Einschalten des Netzgerätes ist die Spannung auf 4,8 Volt einzustellen. Es kann auch das Drehpoti des Einstellknopfes ganz zurückgedreht werden, um dann bei eingeschaltetem Netzgerät die Spannung langsam und vorsichtig auf die angegebenen 4,8 Volt einzustellen. Durch die Verbindung des Testkabels zwischen Netzgerät und Akkuhalter wird der Strom an den beiden Anschlusspolen durch den Hauptbetriebsschalter an die Empfangsanlage weitergegeben.

6. Nun kann am Display oder in der Analoganzeige die Stromstärke, die derzeit aufgenommen wird, abgelesen werden.

7. Da die allermeisten Empfangsanlagen zwischen 4,8 und 6,0 Volt betrieben werden können, kann nun das Netzgerät auch langsam

Ein Netzgerät für 30 Volt und 2,5 Ampere. Hier wurden jetzt genau 4,8 Volt vorgewählt. Die 4 mA, die derzeit angezeigt werden, wurden von einem im Foto nicht gezeigten Verbraucher aufgenommen

Einstellbares Netzgerät. Zwar ist die Spannung auf 25 Volt begrenzt, aber die maximale Stromstärke beträgt 6 Ampere. Da die meisten Antriebsmotoren, die ich in jüngster Zeit in meinen Modellen eingebaut habe, nicht mehr als 6 Ampere aufnehmen, kann ich dieses Gerät gut für Tests beim Motor- und Stevenrohreinbau verwenden

auf 6,0 Volt eingestellt werden. Auch hier sollte die Stromaufnahme einmal für Vergleichszwecke abgelesen werden. Wenn nun das Messgerät beispielsweise 600 mA (0,6 A) anzeigen sollte, heißt dies, dass ein Akku mit einer Kapazität von 650 mAh rein rechnerisch nach etwa einer Stunde leer ist. Vorausgesetzt, dass immer alle Verbraucher gleichzeitig angeschlossen bzw. eingeschaltet sind. Dies ist natürlich so gut wie nie der Fall, da zwar ein Fahrtregler zwar immer irgendwie (Vollgas, Halbgas oder nur ganz langsam) angesprochen wird, aber ein Ruderservo nur im Bedarfsfall gesteuert wird. Jede weitere eingebaute Sonderfunktion, die bei der Testphase gleichzeitig eingeschaltet war, wird nun aber meist nur ab und zu eingeschaltet. Alle diese Faktoren verlängern natürlich die mögliche Betriebszeit. Wenn das Schiffsmodell mal ein paar Minuten nur so auf dem Gewässer „geparkt" wird, wird fast nichts aus dem Empfängerakku entnommen und die Betriebszeit verlängert sich wiederum. Durch Kälte hingegen wird die Betriebszeit drastisch gesenkt.

6.2. Kaufentscheidung Multimeter: digital oder analog?

Nachdem nun schon einige Punkte zu Akkus und Ladegeräten genannt wurden, sollte auch über die Anschaffung eines passenden Testgerätes nachgedacht werden.

Hier gibt es unzählige Varianten, die ein Elektronikerherz höher schlagen lassen, aber für uns Modellbauer gar nicht nötig sind! Für den anfänglichen Bedarf reicht ein Multitester in digitaler Ausführung. Digital heißt hierauf bezogen: die gemessenen Werte werden als Zahl mit bis zu drei Nachkommastellen auf einem großen Display angezeigt. Im Gegensatz hierzu gibt es auch noch analoge Geräte, die mit einer großen Messskala und Zeiger ausgerüstet sind. Hier sind dann sämtliche Messbereiche auf einer Skala angebracht und dort, wo der Zeiger bei der Messung „steht", muss man an der entsprechenden Skala den Wert ablesen, was auch schon einmal zu Feh-

lern durch falsches Ablesen führen kann.

Bei Messungen, deren Werte man auch annähernd nicht kennt, stellt man den höchst möglichen Messbereich ein. Sollte diese Messung ergeben, dass auch ein niedriger Bereich möglich ist, kann „nach unten" gedreht werden. Als Resultat hat man dann einen Wert mit bis zu zwei oder drei Nachkommastellen, dies ist je nach Gerät und Hersteller sowie vorgegebenem Messbereich verschieden. Diese Genauigkeit reicht für den Modellbau vollkommen aus! Da bei analogen Testgeräten die Ablesegenauigkeit nicht so hoch ist, sind die Werte zwar noch gut genug für den Einsatz im Modellbau aber eben nicht so präzise!

Mit dem Gerät sollte man auch Amperemessungen durchführen können. Wegen des Einbaus leistungsstarker Elektromotoren für den Antrieb sollte man statt der gängigen und sehr preiswerten 10-Ampere-Version schon ein unwesentlich teureres 20-Amperemessgerät wählen.

Die Spannungsmessung in Volt kann wahlweise für Gleichstrom (das ist für Modellbauer wichtig, da sie mit Akkus als Stromquelle arbeiten) und Wechselstrom (also für alle Elektroanschlüsse im Haus, beim Camping und dergleichen) eingesetzt werden. Die Messbereiche variieren hier von 0 bis 750 oder sogar 1.000 Volt. Die einschlägigen Vorsichtsmaßnahmen sind bei Arbeiten an stromführenden Leitungen in jedem Fall zu beachten!

Die Digitalmultimeter können neben so genannten Batterieprüfungen (gibt es auch beim analogen Gerät) auch Dioden- und Transistorentests durchführen. Hierzu sind die jeweiligen Gebrauchsanweisungen der Testgeräte vorher gründlich zu studieren!

Als weiterer Pluspunkt kann man mit einigen Digitalmessgeräten auch Temperaturen messen. Dies ist zum Beispiel im Haus sehr praktisch, wenn beispielsweise eine neue Heizungsanlage oder ein Fühler – ob innen oder außen – angebracht werden soll. Die Temperatur wird mit ein bis zwei Nachkom-

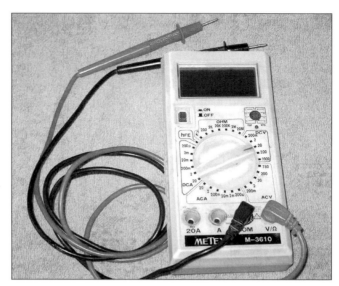

Ein Digitalmessgerät mit einem Messbereich von maximal 20 Ampere reicht in den allermeisten Fällen für Schiffsmodellbauer aus. Hiermit kann man auch im Haushalt alle erdenklichen Messungen durchführen

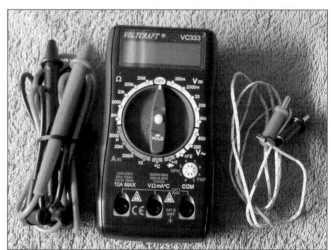

Mit diesem Gerät können zusätzlich auch Wärmemessungen durchgeführt werden. Das Spezialkabel hierzu ist im Bild rechts neben dem Testgerät zu sehen

mastellen angezeigt. Natürlich kann man auch die Hitze des Fahrtreglers oder des Elektromotors ablesen. Noch wichtiger finde ich jedoch die Temperaturmessung im geschlossenen Schiffsmodell bei Ausstellungen in einem Zelt. Dort wird im Sommer auch gerne die 40° C-Grenze überschritten. Verschiedene Nautikdecoder nehmen dies schon mal übel und versagen dann ihren Dienst.

Als weiterer Testbereich sollte auch der so genannte BUZZ genannt werden. Hier be-

kommt man akustisch (durch einen Summer) mitgeteilt, ob ein Bauteil/Kabel „Durchgang" hat. Dies ist schon von Vorteil, wenn man beispielsweise einem Kabelbruch auf der Spur ist. Ebenso kann man hiermit ganz schnell feststellen, ob eine Glühlampe defekt ist. Daneben kann man mit diesen Testgeräten auch den Widerstand (Ohm, Anzeige: Ω) messen.

Digitalmessgeräte benötigen zum Betrieb meist einen 9-Volt-Block. Diese Batterien halten in der Regel viele Jahre. Sollte die erste

Batterie einmal leer sein, kann auch ein wiederaufladbarer Akku eingelegt werden.

6.3. Messen mit dem Multimeter

Für den Anfang kommt man mit zwei verschiedenen Messarten aus: der Strom- und der Spannungsmessung.

6.3.1 Spannungsmessung

Zuerst beschreibe ich die Spannungsmessung (V = Volt). Diese Messung erfolgt parallel zur Spannungsquelle. Sollte als Ladegerät für die Akkus kein Computerlader zur Verfügung stehen, der die erreichte Ladeendspannung auf seinem Display anzeigt, kann man beispielsweise mit der Spannungsmessung die erreichte Ladespannung messen. Hierzu wird die rote Messspitze (das ist der Pluspol (+)) auf den Pluspol des Akkus gehalten. Analog dazu wird nun die schwarze Messspitze (das ist nun der Minuspol (-)) an den Minuspol des Akkus gehalten. Selbstverständlich wurde die Messleitung vorher im Testgerät an den mit „Volt" markierten Buchsen eingesteckt. Die nun abzulesende Spannung ist die so genannte Ruhespannung ohne Belastung. Wenn nun beispielsweise die RC-Anlage eingeschaltet wird, oder ein Elektromotor an den Akku angeschlossen wird, dreht sich dieser, und der Akku wird belastet. Das heißt, dass man nun die Spannung des Akkus unter Last messen kann. Dieses Messergebnis ist im Wert etwas niedriger als bei der Messung ohne Last. Sollte die Spannung aber deutlich niedriger sein, ist davon auszugehen, dass zumindest eine Zelle des Akkupacks defekt ist.

6.3.2. Stromstärkenmessung

Die Messung der Stromstärke (A = Ampere) erfolgt in Reihenschaltung zur Spannungs-quelle. Diese Messart wird unter anderem dann benötigt, wenn man den Wert des Stromverbrauchs, z. B eines Fahrmotors, ermitteln möchte. Die Versuchs- bzw. Testmessung wird wie folgt aufgebaut: An die Stromquelle (Akku) wird eine Messspitze des Testgeräts gehalten bzw. daran befestigt. Das Testgerät ist auf den höchsten Amperebereich im Wählprogramm einzustellen und die Messkabel gegebenenfalls in den separaten Eingang am Testgerät einzustecken. Achtung! Das ist bei höheren Strömen sehr wichtig, da sonst das Testgerät zerstört werden könnte. Das zweite Kabel des Testgerätes ist nun mit einer der Stromzuleitungen des Motors zu verbinden. Das zweite Kabel des Motoranschlusses ist nun noch mit der Stromquelle zu verbinden. Somit entsteht eine Reihenschaltung. Der nun anlaufende Motor bekommt also die volle Spannung. Die vom angeschlossenen Motor aufgenommene Stromstärke kann im Testgerätdisplay abgelesen werden. Sollte die Stromaufnahme sehr gering sein, kann nun beim Messgerät ein niedrigerer/empfindlicherer Messbereich gewählt werden. Hierdurch werden die angezeigten Werte noch genauer, da dann von einer auf zwei oder sogar drei Nachkommastellen gewechselt werden kann. Dies hängt unter anderem auch vom Hersteller bzw. Gerätetyp ab.

Vorsicht: Der zu testende Elektromotor sollte vor Testbeginn so befestigt werden, dass er sich nicht wegdrehen kann. Auch unbelastet würde sich der Motor beim Anlaufen sonst um die eigene Achse drehen, die Kabel fortreißen oder gar einen Kurzschluss an den Kabelverbindungen verursachen! Ebenfalls besteht ein erhöhtes Verletzungsrisiko!

7. Senden und Empfangen

7.1. Bänder, Frequenzen, Kanäle und Quarze

Wie schon erläutert, funktioniert eine Fernsteuerung aufgrund elektromagnetischer Wellen. Sie werden vom Sender ausgestrahlt und vom Empfänger angenommen und dort wieder als Einzelbefehle an die einzelnen Geräte weitergegeben. Damit nun mehrere Fernsteuerungsanlagen gleichzeitig eingesetzt werden können, ohne sich untereinander zu stören, kann jede Anlage auf einer anderen Frequenz arbeiten. Die Grobeinteilung bzw. die Einteilung aller Frequenzen findet im so genannten Frequenzband statt. Die Unterteilung erfolgt dann in einzelne Kanäle.

Damit man es sich viel einfacher vorstellen kann, denkt man einfach an einen Radioempfänger. Das Frequenzband lautet hier beispielsweise UKW, MW oder LW gelegentlich auch nur AM/FM. Die einzelnen Radiosender haben jeweils eine eigene Frequenz bzw. einen eigenen Kanal. Als Beispiel sei genannt: der WDR liegt neben dem NDR und der neben dem BR oder HR3, trotzdem sind alle Radiostationen sauber und ohne Nebengeräusche/Störungen hörbar. Das gleiche gilt auch für die vielen Fernsehsender.

Für uns Schiffsmodellbauer sind nur bestimmte Frequenzbänder zugelassen. Es sind die Frequenzen im 27-MHz-Band (MHz = Megahertz), im 40-MHz- und im 433-MHz-Band. Davon gab es in den Gründerjahren nur das 27-MHz-Band. In letzter Zeit hat sich hingegen das 40-MHz-Band immer stärker durchgesetzt. Das erst vor einigen Jahren freigegebene 433-MHz-Band stellt schon wieder eine Besonderheit dar. Es war in den Anfangsjahren anmelde- und gebührenpflichtig. Da aber in letzter Zeit zu viele Sprechfunkgeräte und auch Funkmikrofone auf dieser Frequenz anzutreffen waren, haben sich die Hersteller schon wieder von diesem Band bei den Fernsteuerungsanlagen verabschiedet. Die Geräte, die heute noch bei dem einen oder anderen Händler angeboten werden, sind also „veraltet" und es wird in nächster Zukunft auch keine Ersatzteile mehr hierzu geben. Ebenso wird es für das 433-MHz-Band demnächst keine Ersatzquarze mehr im Hobbyfachhandel geben. Wenn der Ausverkauf beendet ist, haben Besitzer von diesen Anlagen keine gesicherten Bezugsquellen mehr.

Jedes der einzelnen Frequenzbänder wurde nun in eine bestimmte Anzahl so genannter Kanäle aufgeteilt. Sie haben einen bestimmten Abstand voneinander und sind zur besseren Übersicht durchnummeriert. In welchem Frequenzband und auf welchem Kanal nun die Fernsteuerung arbeiten soll, hängt unter anderem auch vom Einsatzgebiet ab. Wo viele Kinder neben einem Fahrgewässer mit Handsprechfunkgeräten spielen oder gar fernlenkbares Billigspielzeug fahren lassen, herrscht fast automatisch das 27-MHz- und gelegentlich auch das 40-MHz Band vor. Diese Sprechfunkgeräte verursachen im schlimmsten Fall schon einmal Störungen, und die kleinen RC Anlagen haben meist nicht die Reichweite, wie unsere „Profisender". In den allermeisten Fällen sind die hier im Buch beschriebenen „Profi"-Produkte leistungsfähiger und lassen sich nicht von den „Spielzeug"-Sendern aus dem Takt bringen. Fazit: Die Kinder haben mit ihren „Spielzeugschiffchen" oftmals das Nachsehen und ihr Boot bleibt entweder stehen und reagiert gar nicht, oder es folgt den Befehlen des „Profi"-Senders und fährt wie von Geisterhand gesteuert.

Im Laufe der letzten Jahre hat sich jedoch ein spürbarer Trend weg vom 27-MHz-Band hin zum 40-MHz-Band entwickelt. Da jedoch auch hier nur eine bestimmte Anzahl von Kanälen freigegeben wurde, kann es bei großen Veranstaltungen schon einmal sehr eng zugehen. Aus diesem Grunde wechseln auch schon wieder einige alte Hasen zum 27-MHz-Band. Da nur einige Hersteller Fernsteuerungsanlagen für das 433-MHz-Band anboten bzw. anbieten ist dieses Band seltener belegt, sollte aber beim Neukauf aus oben erwähnten Gründen gemieden werden.

Innerhalb der Frequenzen gibt es also Kanäle. Dass Umschalten auf einzelne Kanäle erfolgt durch Steckquarze. Der Quarz ganz alleine bestimmt dann die wirkliche Sendefrequenz. Natürlich muss im Empfänger der passende Steckquarz derselben Frequenz eingebaut werden! Also erfolgt die Kanalwahl der Arbeitsfrequenz immer mit Quarzen und dies paarweise. Erst durch die Schaffung dieser Steckquarze (sehr empfindliches Gebilde, gegen mechanische Kräfte sichern!) wurde der gleichzeitige, störungsfreie Betrieb mehrerer Modelle möglich.

Achtung: Es kann vorkommen, dass selbst neue Quarze schon nicht ordnungsgemäß funktionieren. Sie könnten schlecht geschliffen sein oder schon einer mechanischen Kraft ausgesetzt worden sein. Dann kann es beim eigenen Empfänger oder sogar bei anderen Modellschiffen zu Störungen kommen. Hier ist in jedem Fall für eine sofortige Abhilfe (durch Ersatz) zu sorgen! Demnach muss man sich also zuerst auf ein Frequenzband festlegen (27 oder 40 MHz) und dann die Kanalwahl vollziehen. Hierbei ist es ratsam, sollte man sich für die Aufnahme in einen der vielen Schiffsmodellclubs interessieren, dort nachzufragen, welcher Kanal denn zur Zeit frei ist. So braucht man später nicht noch ein weiteres Quarzpaar zu kaufen, um mit anderen Modellskippern sein Modell gleichzeitig vorführen zu können. Für diejenigen, die sich beim Kauf einer Anlage noch nicht für ein bestimmtes Frequenzband entscheiden wollen oder sich für verschiedene Modellsparten nur eine Anlage kaufen möchten, hat der Handel Fernsteuerungen konzipiert, deren HF-Module (HF = Hochfrequenz) ausgewechselt werden können. Sie werden nur umgesteckt. Die Module geben die Frequenzbänder (27, 35, 40 und 433 MHz) vor, wobei das 35-MHz-Band ausschließlich für Flugmodelle erlaubt ist. So kann derselbe Sender spartenübergreifend eingesetzt werden.

Wie zuvor schon beschrieben, wird das Frequenzband mittels HF-Modul vorgewählt und die genaue Arbeitsfrequenz durch den jeweiligen Steckquarz bestimmt. Als Erkennungsmerkmal sind an den Sendern so genannte Frequenzfähnchen anzuhängen. Diese sind in der Regel nach den einzelnen Frequenzbändern farblich gekennzeichnet und an der Senderantenne zu tragen. Die Kanalzahl ist entsprechend dem gewählten Quarz gut lesbar aufgedruckt.

Die Farben der für uns interessanten Frequenzbänder sind:
• 27-MHz-Band: Braun
• 40-MHz-Band: Grün

Können die Quarze der verschiedenen Herstellerfirmen untereinander getauscht werden?

Natürlich wird man in keiner Anleitung eines Herstellers einen Quervermerk hierüber finden. Man will ja schließlich die eigenen Produkte verkaufen! Daher lauten die Über-

Ein auswechselbares HF-Modul

Diese so genannten Frequenz- oder Kanalfahnen werden an den Senderantennen befestigt. Sie sollen anderen Modellschiffkapitänen anzeigen, mit welchem Kanal dieser Skipper sein Boot steuert.

schriften bei Quarztabellen in den Herstellerkatalogen auch gerne: Nur Original-Quarze des jeweiligen Systems verwenden.

Tests, unglückliche Zufälle oder auch Versuche haben jedoch ergeben, dass „fast alle" Quarze untereinander austauschbar sind. Im Kollegenkreis haben wir schon den Sender einer Marke mit dem Senderquarz einer anderen Marke versehen. Auch die Empfänger wurden mit „Fremdquarzen" bestückt, und es funktionierte. Im Eigeninteresse eines jeden Modellbauers empfehle ich jedoch, nach Möglichkeit bei einer Marke zu bleiben. Eine Ausnahmeregelung gibt es aber auch hier: Es können beispielsweise Sender der einen Firma

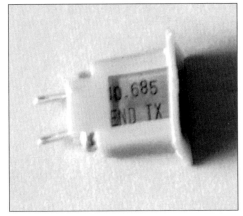

So sieht ein Steckquarz der Firma Simprop im Quarzhaltergehäuse aus

71

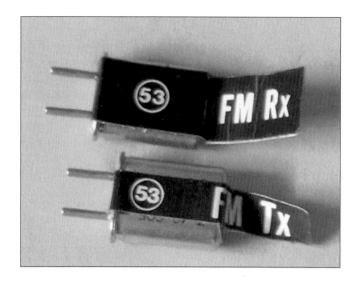

Quarzpaar der Firma robbe (je ein Quarz für den Sender und den Empfänger) mit Kanal 53 aus dem 40-MHz-Band. Zur Unterscheidung sind am Quarz zwei Buchstaben aufgedruckt: „TX" steht für den Sender (englisch: Transmitter), „RX" steht für den Empfänger (englisch: Receiver)

Ein Quarzpaar der Firma Conrad

mit der Empfangsanlage einer anderen Firma gut harmonisieren. Hierbei sollte dann aber im Sender auch der Quarz der Senderfirma und im Empfänger ein Quarz der Empfängerfirma eingesteckt werden. In dieser Konfiguration gibt es in der Regel keine Empfangsprobleme. Natürlich gibt es auch hier schon wieder eine Ausnahme: Die Signale von Multiswitchmodulen (Nautikmodulen) werden von fremden

Decodern nicht richtig bzw. überhaupt nicht übersetzt und wiedergegeben. Es kommt dann an diesem Kanalausgang zu Störungen, obwohl die anderen Kanäle einwandfrei funktionieren.

Sollte irgendwann einmal ein zweites Quarzpaar gekauft werden, kann sicherlich auch ein so genanntes „No-Name"-Quarzpaar gekauft werden. Aber wie gesagt: Es muss nicht immer funktionieren.

7.2. AM- oder FM-Anlage

Der Aufbau im Innern der Anlagen ist technisch gesehen ganz anders. Die AM-Anlage arbeitet mit Amplituden-Modulation. Um noch mehr Verwirrung zu stiften, spricht die Firma Graupner bei ihren AM-Anlagen von einer SSM-Modulation (SSM = Super Small Modulation). Hier sollte sich der Kaufinteressent nicht verwirren lassen und wissen, dass die Begriffe AM- und SSM-Modulation dasselbe ausdrücken.

Die FM-Anlage arbeitet mit Frequenzmodulation. Die FM-Anlagen können in einem Frequenzband gleichzeitig mehr Kanäle zulassen als AM-Anlagen. Darüber hinaus sind die FM-Anlagen auch unanfälliger gegen Störungen. Im Laufe der letzten Zeit haben sich aus diesem Grunde die FM-Anlagen stärker auf dem Markt behauptet und die unwesentlich billigeren AM-Anlagen stark verdrängt.

Die dritte Version sind die PCM-Anlagen. Diese arbeiten mit Puls-Code-Modulation und sind für Schiffsmodellbauer nicht unbedingt nötig und teuerer als FM-Anlagen. PCM-Anlagen verfügen serienmäßig über eine so genannte „Fail-Safe-Funktion". Bei Empfangstörungen hält der Empfänger die Servos in der letzten korrekt empfangenen Position fest oder er steuert die Servos in eine zuvor programmierte Stellung (z. B. Ruder neutral, Motor aus). Diese Funktion kann nicht nur schnellen Rennbooten schon mal „das Leben retten". Der Vollständigkeit wegen will ich noch die DS-Empfänger anführen. Diese Empfänger mit „DS"-Anhängsel im Namen haben einen Doppel Superhet. Das heißt, dass der Empfänger eine Doppelkontrolle des Signals vollzieht.

Dem Einsteiger in den Schiffsmodellbau rate ich zum Kauf einer FM-Anlage.

Frequenzliste 27-MHZ-Band

Kanal-Nr.	Sende-Frequenz (MHz)	Sprechfunk	Zulassung in Deutschland
1	26,965	nein	nein
2	26,975	nein	nein
3	26,985	nein	nein
4	26,995	nein	nein
5	27,005	ja	ja
6	27,015	ja	ja
7	27,025	ja	ja
8	27,035	ja	ja
9	27,045	nein	ja
10	27,055	ja	ja
11	27,065	ja	ja
12	27,075	ja	ja
13	27,085	ja	ja
14	27,095	nein	ja
15	27,105	ja	ja
16	27,115	ja	ja
17	27,125	ja	ja
18	27,135	ja	ja
19	27,145	nein	ja
20	27,155	nein	nein
21	27,165	nein	nein
22	27,175	nein	nein
23	27,185	nein	nein

24	27,195	nein	ja
25	27,205	nein	nein
26	27,215	nein	nein
27	27,225	nein	nein
28	27,235	nein	nein
29	27,245	nein	nein
30	27,255	nein	ja
31	27,265	nein	nein
32	27,275	nein	nein

Frequenzliste 40-MHZ-Band		
Kanal-Nr.	Sende-Frequenz (MHz)	Zulassung in Deutschland
50	40,665	ja
51	40,675	ja
52	40,685	ja
53	40,695	ja
54	40,715	ja
55	40,725	ja
56	40,735	ja
57	40,765	ja
58	40,775	ja
59	40,785	ja
81	40,815	ja
82	40,825	ja
83	40,835	ja
84	40,865	ja
85	40,875	ja
86	40,885	ja
87	40,915	ja
88	40,925	ja
89	40,935	ja
90	40,965	ja
91	40,975	ja
92	40,985	ja

Achtung: Nicht jeder für Deutschland zugelassene Kanal ist auch im Ausland zugelassen und teilweise auch umgekehrt! In fast keinem anderen Land Europas sind mehr Frequenzen zugelassen als in Deutschland. Die meisten Länder geben im 40-MHz-Band lediglich die Kanäle 50, 51, 52 und 53 frei. Es gibt für einige Länder wiederum andere Frequenzbänder, die uns aber an dieser Stelle nicht weiter interessieren. Wer aber irgendwann an großen Schauveranstaltungen oder Meisterschaften im Ausland teilnehmen möchte, sollte sich vor der Anmeldung dort nach den landesspezifischen Frequenzen erkundigen!

Ist die Anmeldung der Fernsteuerungsanlage gebührenpflichtig?
Das 27-MHz-Band ist für den Betrieb von Modellen aller Art vorgesehen. Geprüfte und gekennzeichnete Fernlenkanlagen dürfen auf den oben genannten Kanälen (in Deutschland) gebühren- und anmeldefrei benutzt werden.

Das 40-MHz-Band ist ebenfalls für den Betrieb von Modellen aller Art zugelassen und darf mit geprüften und gekennzeichneten Fernlenkanlagen in den Kanälen 50 bis 92 (in Deutschland) gebühren- und anmeldefrei benutzt werden. Die Kanäle 54 bis 92 sind ausschließlich Schiffs- und Automodellen vorbehalten.

7.3. Preis-/Leistungsverhältnis bei Fernsteuerungsanlagen

Dieses Verhältnis wird größtenteils von der Anzahl der jeweiligen Übertragungskanäle/ Funktionen bestimmt. Damit sind in diesem Fall aber nicht die weiter oben genannten Kanäle im Frequenzband gemeint! Nicht verwechseln! Hier sprechen wir zwar auch von Kanälen, besser aber von der Anzahl der Funktionen, die mittels Sender angesteuert werden können. Erinnern wir uns an die ersten Fotos in diesem Buch. Hier wurde zuerst eine 2-Kanal-Anlage vorgestellt. Für einen Schiffsmodellbauer wären dies schon zwei Grundfunktionen: Die erste Funktion (der erste Kanal) wäre die Motorensteuerung vorwärts–stopp–zurück. Die zweite Funktion (der zweite Kanal) wäre die Rudersteuerung rechts–mittig–links. Mit diesen beiden Funktionen kann man schon über viele Jahre viel Spaß mit seinem Modell haben, da ein Schiffsmodell hierdurch schon voll fernlenkbar ist. Die komplette Anlage ist je nach Hersteller für unter 100,- Euro zu beziehen.

Die Firma Graupner weicht von dieser Zählweise ab und zählt anstelle der Kanäle die Funktionen. Eine 2-Kanal-Anlage mit den Funktionen vorwärts, rückwärts, links, rechts wird von Graupner dementsprechend als Vierkanalanlage bezeichnet. Um eine Graupner-Anlage mit Fernsteuerungen anderer Hersteller zu vergleichen, empfiehlt es sich daher, die Anzahl der ansteuerbaren peripheren Geräte zu zählen. Die nächste Stufe sind die 4-Kanal-Anlagen. Diese sind (immer noch) in zwei Gruppen aufgeteilt: Es gibt Anlagen, die sich weiter aufrüsten lassen und (meist preiswertere) Anlagen, bei denen diese Option nicht besteht. Aufrüsten lassen sich Schalter, Drehpotentiometer oder auch Spezialmodule für Sonderfunktionen. Diese 4-Kanal-Anlagen sind dann bis auf 6, 7 oder gar 8 Kanäle erweiterbar.

Beim Kauf einer Anlage sollte man sich ein wenig Spielraum in der Senderwahl gönnen. Die ausbaufähige 4-Kanal-Anlage ist nur unwesentlich teurer als eine einfache 2-Kanal-Anlage oder eine nicht ausbaufähige Anlage. Der Sender ist für die meisten Modellbauer eine einmalige Anschaffung und mit einer ausbaufähigen Anlage hat man jederzeit die Möglichkeit, weitere Funktionen in seinem Schiffsmodell zu verwirklichen oder ein anspruchsvolleres Modell zu steuern.
Leicht zu realisierende Funktionen könnten für den Anfang sein:
- Nautische Beleuchtung (Positionslampen rechts/links, vorne und hinten) schalten
- Scheinwerfer schalten
- Radarbalken drehen
- Dieselmotorgeräusch (Soundgenerator) schalten

Das sind schon vier Funktionen, die mit den zwei weiteren Kanälen einer 4-Kanal-Anlage schaltbar wären. Natürlich gibt es über Sonderfunktionen noch eine Menge zu schreiben und zu wissen. Viele Tipps dazu sind in meinem Buch „Sonderfunktionen auf Schiffsmodellen, 100 Ideen – und wie man sie verwirklicht" (VTH Best.-Nr. 310 2128, ISBN 3-88180-728-4) nachzulesen.

Nach so vielen Buchseiten brennt schon fast die Frage unter den Nägeln:

Welche Anlage sollte man sich anschaffen?

Nach reiflicher Überlegung kann eine kurze Aussage getroffen werden: Eine ausbaufähige FM-4-Kanal-Anlage im 40-MHz Band.

Wer sich viel mit dieser Anlage im benachbarten Ausland (außer Frankreich) aufhalten will, sollte die Kanäle 50 bis 53 wählen, da diese auch dort erlaubt sind. Änderungen, die ab Druck erfolgen, können hier selbstverständlich nicht berücksichtigt werden. Daher gilt die letzte Aussage ohne Gewähr. Jeder Modellbauer ist hier selbst in der Verantwortung und muss sich vor dem Einsatz seiner Anlage über die Bestimmungen informieren.

8. Der Anlageneinbau

Dieser Begriff ist die Sammelbezeichnung für die komplette Unterbringung und Befestigung aller Teile der Empfangsanlage im Modell.

Welches Werkzeug benötige ich für den RC-Anlagen-Einbau?

Obwohl die Komponenten der Fernsteuerungsanlage Fertigprodukte sind, benötigt man doch noch das eine oder andere Werkzeug, um beispielsweise das Loch für die Buchse der Empfängerantenne zu bohren, den Stahldraht der Empfängerantenne am obersten Ende zur Öse zu biegen (sonst könnte man sich die Augen verletzen!), die Kabel am Motor anzulöten, Kabel abzuisolieren usw.

Nützliche Werkzeuge bei diesen Tätigkeiten sind:

- Bleistift
- Cut- oder Balsamesser
- Entlötpumpe
- Flachfeile
- Hobby-Bohrmaschine
- Inbusschlüssel
- Abisolierzange
- Kleine Bohrer
- Kreuzschlitzschraubendreher
- Lineal/Zollstock
- Entgrater
- Lötkolben
- Lötzinn
- Pinzetten
- Rundfeile
- Schieblehre
- Schlitzschraubendreher
- Seitenschneider
- Spitz-, Flach- oder gewinkelte Spitzzange
- Zahnarztspiegel

8.1. Allgemeine Regeln für den Anlageneinbau

Der Einbau sollte immer gut durchdacht und geplant werden. Er ist so einfach und übersichtlich wie möglich vorzunehmen. Jede einzelne Baustufe (auch der Einbau selbst) sollte auf Funktionalität überprüft werden. Dies erspart eine oftmals mühselige und zeitaufwendige Fehlersuche. Nichts, also kein Anschluss, sollte nur provisorisch vorgenommen werden. Es sind die vom Hersteller vorgesehenen Stecker, Buchsen und Kabel zu verwenden. Die Kabeldurchmesser bei der Spannungsversorgung, insbesondere bei starken Motoren, sind großzügig zu bemessen. Dünnere Kabel haben einen höheren Widerstand und können bei Fehlanpassung sehr heiß werden. Dies sind schon die wesentlichen Punkte, die eine fehlerfreie Funktion der Empfangsanlage gewährleisten.

Der Schutz der Empfangsanlage sollte ebenfalls bedacht werden. Hiermit ist nicht nur die mechanische Belastung gemeint. Gerade bei Schiffsmodellen sollte man an überkommendes bzw. eindringendes Wasser denken. Den Empfänger also nicht nur stoßfest, sondern auch möglichst gut gegen eindringendes Wasser geschützt einbauen.

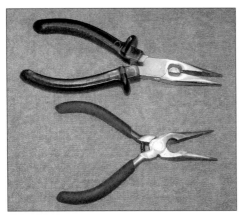

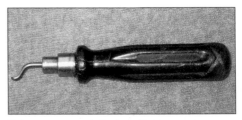

Entgrater zum einfachen Entgraten von Bohrlöchern

Spitzzange. Hiermit können Kabel im Modell beim Löten oder Andrehen besser gehalten werden

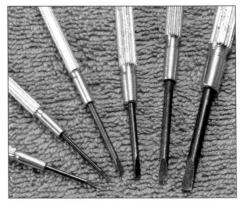

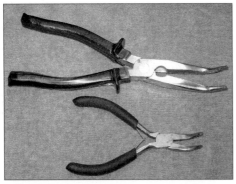

Schlitzschraubendreher. Z. B. um Lüsterklemmen anzudrehen

Abgewinkelte Spitzzangen. Hiermit kann man auch noch „um die Ecke" ein Kabel festhalten

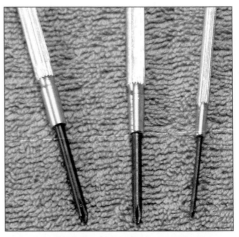

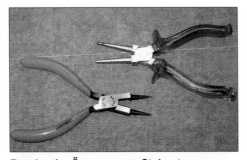

Rund- oder Ösenzangen. Stabantennen am Modell werden oben gegen Verletzung mit einer Rundöse gesichert. Auch Rudergestänge können hiermit gebogen werden

Kreuzschlitzschraubendreher. Sendergehäuse haben oftmals Kreuzschlitzschrauben, auch zur Befestigung mancher Einbauteile im Sender werden Kreuzschlitzschraubendreher benötigt

78

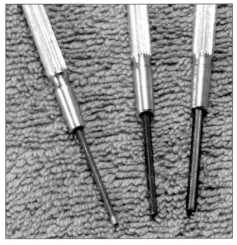

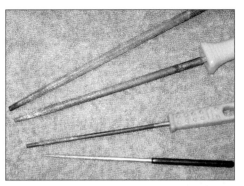

Rundfeile. Hiermit können gebohrte Löcher im Durchmesser vergrößert werden. Nützlich unter anderem beim Stevenrohreinbau

Inbus bzw. Innensechskant. Für die Madenschrauben der Motorkupplungen

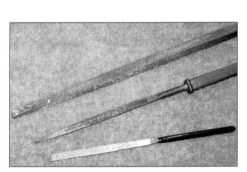

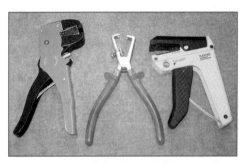

Abisolierzange. Schneidet die Kunststoffummantelung von Elektrokabeln ab

Flachfeile. Zum Abflachen der Motor- und Schiffswelle. Dadurch wird die Griffigkeit der Madenschraube auf der Welle erhöht

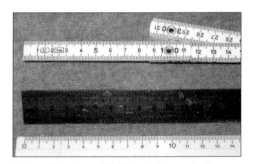

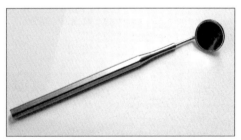

Zahnarztspiegel. Ermöglicht Einsichten unter das Deck oder unter das Grundbrett. Wichtig bei Kontroll- und Reparaturarbeiten

Neben Lineal und Zollstock ist auch ein Stahllineal eine gute Hilfe, da hieran mit einem Cutter-Messer abgeschnitten werden kann

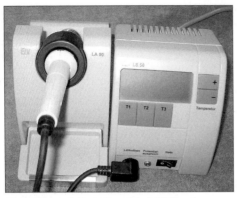

Einstellbare Lötstation. Die Löthitze kann eingestellt werden. So können nicht nur dicke Kabel verlötet werden, sondern es können auch feine Platinenlötungen vorgenommen werden

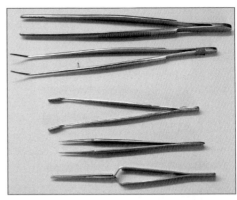

Pinzetten. Halten kleinste Gegenstände, wie Madenschrauben, vor dem Verschrauben sicher fest

Entlötpumpe. Sollte beim Löten zu viel Lötzinn aufgetragen worden sein, kann hiermit das zuvor erhitzte Lötzinn wieder abgepumpt werden

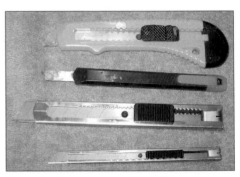

Cut- oder Balsamesser. Die beiden oberen Messer sind sehr preisgünstig, sind aber nicht so stabil wie die unteren beiden Messer aus Metall. Die scharfen Klingen schneiden Holz und ABS sehr gut

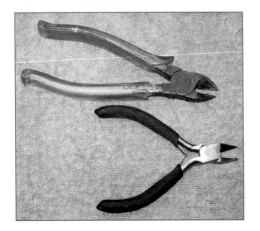

Seitenschneider. Schneidet Elektrokabel und wird gelegentlich auch „zweckentfremdet" zum Schneiden von Messing- und Eisendrähten

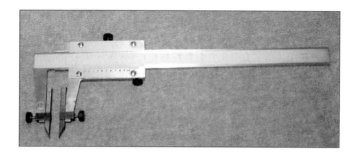

Schieblehre. Mit diesem Präzisions-Messinstrument kann man bequem auch auf 1/10-Millimeter genau maßnehmen

Verschiedene Handbohrmaschinen für den Modellbauer. Erhältlich mit eingebautem Akku oder netzgebunden. Zu Bastelzwecken oder zum Reparatur-Einsatz am Fahrgewässer sind Akkubohrmaschinen vorzuziehen

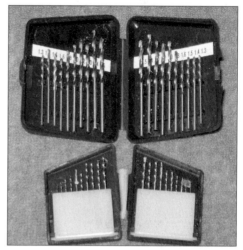

Die zur Handbohrmaschine passenden Kleinstbohrer. Die Minibohrer in der unteren Bildhälfte beginnen bei 0,3 mm. Die Bohrer in der darüber liegenden Halterung beginnen mit 1,3 mm und steigen im Durchmesser in 1/10-Schritten an

Hierzu gibt es Boxen in allen Größen, die an den Stellen, wo die Kabel austreten, mit Dichtungsmaterial abgeklebt werden können. Eine weitere sehr preiswerte und effektive Variante ist, den Empfänger in einen Luftballon zu stecken. Auch er kann an der Öffnungsseite mit Dichtungsmaterial verschlossen werden. Auch sollte der Empfänger möglichst nicht nur unten im Rumpf abgelegt werden. An der tiefsten Stelle des Rumpfes sammelt sich zuerst eventuell eindringendes Wasser. Der Empfänger sollte z. B. mit doppelseitigem Klebeband oder mit Klettband an der Rumpfseite angebracht werden.

Die Servos werden vibrationsfrei und fest mittels den meist mitgelieferten Gummitüllen eingebaut. Die Servos müssen ihre volle Stellkraft entwickeln können, ohne sich selbst zu bewegen. Hierbei sollte daran gedacht werden, dass die Befestigungsschrauben nicht zu fest angedreht werden (alter Spruch: nach ganz fest kommt lose). Die Ruderanlenkungen und sonstige Verstellmechanismen sollen in jedem Fall leichtgängig, spielfrei und ohne mechanischen Anschlag sein. Andernfalls erhöht sich im günstigsten Fall die Stromaufnahme des betreffenden Gerätes und die Fahrzeit nimmt ab. Bei mechanischem Anschlag des Servohebelweges kann aber auch die Servohalterung oder das Servo selbst herausgerissen und

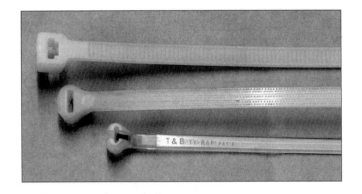

Verschiedene Kabelbindergrößen. Sie sorgen für ein geordnetes Bild bzw. Übersicht bei vielen Kabeln

eventuell beschädigt oder zerstört werden. In keinem Fall darf eine Ruderanlenkung federn oder sich dehnen können. Nur so erreicht man eine exakte Steuerung mit voller Steuerkraft auch bei hoher Belastung. Bei den Ruderanlenkungen ist darauf zu achten, Metall-Metall Verbindungen zu vermeiden. Wenn durch die Motorvibrationen Metall auf Metall schlägt, treten so genannte Knackimpulse auf. Diese führen zu Empfangstörungen und beeinträchtigen die Reichweite. Wenn der Ruderhebel aus Metall ist, sollten daher Kunststoffgabelköpfe denen aus Metall vorgezogen werden.

Ebenfalls gilt: Nur kontaktsichere und saubere Steckverbindungen wählen! Wackelkontakte am Antennen- oder am Batteriekabel machen die beste Fernsteuerungsanlage funktionsuntüchtig.

Die Empfangsantenne ist in voller Länge, auf kürzestem Weg nach außen zu verlegen. Dabei sollte sie möglichst nicht in der Nähe von Akkus, Motoren, Fahrtreglern, Servos oder stromführenden Kabeln verlegt werden.

Die einzelnen Kabel sind im Modell übersichtlich zu verlegen. Hier kann beispielsweise eine Bootsseite für den Minuspol und die andere Seite für den Pluspol eingesetzt werden. In der Mitte können dann die Servokabel sauber verlegt werden. In jedem Fall sollten die Drähte so verlegt werden, dass Scheuer- oder Klemmstellen mit mechanisch beweglichen Teilen vermieden werden. Kabel

sollten daher zwar locker verlegt werden aber trotzdem mit Kabelbinder, Klebeband oder in einem Kabelrohr gesichert werden. So kann bei leichten Havarien ein Kabelanschluss bzw. eine Lötstelle nicht sofort reißen.

Vor der endgültigen Befestigung aller Teile sollte der Schwerpunkt bzw. die Trimmung gemäß der Wasserlinie kontrolliert werden. Hier kann schon durch leichtes Verschieben des Fahrakkus eine gute Trimmlage erreicht werden. Dies hat den großen Vorteil, dass nicht noch zusätzlicher Ballast als Kontergewicht eingelegt werden muss.

Neben den allgemeinen Grundregeln über den Einbau einer Empfangsanlage gibt es natürlich auch modellspezifische Anforderungen.

8.2. Anlageneinbau speziell für Schiffsmodellbauer

Wie schon erwähnt, sollte der ganze Anlageneinbau unter dem wichtigen Aspekt der Trockenheit im Boot vorgenommen werden. Wasser hat im Boot nichts zu suchen!

- Decksöffnungen sind daher gut abzudichten.
- Wichtige Fernsteuerungselemente sollten in einer wasserdichten Box untergebracht werden.
- Ebenfalls ist im Boot für eine ausreichende Kühlung zu sorgen. Fahrtregler, Nautikdecoder und Motore reagieren empfindlich, wenn es im Schiffsmodell

zu warm wird. Es kann z. B. bei gegen Spritzwasser geschützten Fenstern auf die Verglasung verzichtet werden, oder es werden Computerlüfter eingebaut, die durch Öffnungen im Deck Frischluft ansaugen und für eine Luftzirkulation im Rumpf sorgen.

- Den Betriebsschalter der Empfangsanlage in jedem Fall spritzwassergeschützt einbauen. Hier gibt es modellartbedingt verschiedenste Möglichkeiten, z. B. unter einem Ölfass oder einer Tonne, ein zu öffnender Niedergang, eine bewegliche Tür, eine Bank einer Sitzgruppe, ...

Hier ist der Schalter wassergeschützt unter einem geöffneten Lukendeckel versteckt

8.3. Temperaturen im Schiffsmodell

Wie zuvor erwähnt, mögen es Fahrtregler und Motoren nicht, wenn sie zu viel Hitze mitbekommen. Für diese Hitzebildung gibt es zwei Ursachen. Die einfachste Eventualität ist: Bei Ausstellungen und sommerlichen Temperaturen wird es zu heiß. Hierzu sollte in den Pausen, wenn keine Schiffsvorführungen auf dem Wasser stattfinden, ruhig ein Lüfter im Modell untergebracht werden, der mittels langem Kabel an eine externe Batterie angeschlossen wird. Hierbei sollte es sich um einen ausreichend großen Akku handeln, den man neben das Modell oder unter den Ausstellungstisch stellt. Die zweite Möglichkeit des Hitzestaus im Modell ist meist hausgemacht. Der Motor oder der Fahrtregler sind unterdimensioniert und erwärmen sich unter Belastung zu stark. Diese beiden Geräte (Fahrtregler und Motor) geben im ungünstigsten Fall soviel Hitze ab, dass sie auch noch Minuten nach dem Fahrbetrieb nicht mit bloßen Fingern angefasst werden können. Diese hitzeentwickelnden Komponenten sollten nicht direkt auf der Rumpfwand montiert werden und auch nicht in näherer Umgebung von Kabeln oder elektronischen Geräten untergebracht werden.

Ladebuchse und Betriebsschalter wurden unter einer aufklappbaren Werkzeugkiste spritzwassergeschützt eingebaut

Ladebuchse unter einer Sitzbank versteckt

9. Allgemeine Regeln zur Inbetriebnahme einer Fernsteuerung

Was muss ich vor dem Einschalten einer Fernsteuerungsanlage beachten?

- Zuallererst kontrollieren, ob der benutzte Kanal frei ist! Eine Nichtbeachtung wäre nicht nur äußerst unfair anderen Skippern gegenüber, sondern könnte auch den Verlust des anderen Modells oder Schäden an anderen Modelle nach sich ziehen!
- Wer mit seinem Modell über schlechte Wege angereist ist, tut gut daran, sich im Modellinnern zu vergewissern, dass nichts abgebrochen oder aus Halterungen gerutscht ist.
- Kabelverläufe und Steckverbindungen sind zu kontrollieren.
- Kontrollieren, ob die Empfangsantenne im Boot eingesteckt ist (bei aufsteckbaren Wechselantennen) und ob die Senderantenne angeschraubt und ausgezogen ist.

In welcher Reihenfolge werden Sender und Empfänger ein- bzw. ausgeschaltet?

Beim Einschalten wird in jedem Fall zuerst der Sender und dann erst der Empfänger eingeschaltet. Dadurch wird verhindert, dass Funkstörungen den Empfänger zum Ansprechen bringen und Fehlfunktionen auslösen. Je nach Modell könnten unbeabsichtigt die Motore anlaufen, die Servos zittern oder das Soundmodul könnte sich zu Wort melden. Beim Ausschalten gilt die umgekehrte Reihenfolge: Zuerst wird der Empfänger ausgeschaltet, dann erst der Sender.

Wie verhalte ich mich am Gewässer mit eingeschalteter Anlage?

- Um anderen Modellskippern das gewählte Frequenzband und den eigenen Kanal anzuzeigen, hängt man ein entsprechendes Frequenzfähnchen an die Senderantenne.
- Vor jedem Start bzw. einer Freigabe des Modells ins Wasser ist schon „im Trockendock" eine Funktionskontrolle durchzuführen. Hierbei reicht es oftmals schon, nur die Grundfunktionen (Servo und Motor) zu testen. Sollten irgendwelche Störungen schon an Land auftreten, darf das Modell auf keinen Fall ins Wasser gesetzt werden. Zuvor muss die Ursache erforscht und behoben werden.
- Bei großer Entfernung von Sender und Modell sollte mit der Spitze der Senderantenne nicht direkt auf das Modell gezielt werden, da wegen der Polarisation der HF-Wellen die Antenne in Richtung ihrer Achse die geringste Feldstärke (Sendekraft) hat.
- Sollten mehrere Modellskipper anwesend sein und ihre Anlagen ebenfalls in Betrieb gesetzt haben, ist es ratsam, sich in einem Pulk mit etwa ein bis zwei Meter Abstand zueinander aufzuhalten.
- Zu Störungen kommt es, wenn das eigene Modell sich einem weit entfernten Fremdsender nähert und die Entfernung zwischen Fremdsender und Modell kürzer ist als die Entfernung zum eigenen Sender.

Wie verhalte ich mich am Gewässer?

Diese Frage sollte man sich in jedem Fall stellen. Da man selbst nicht gestört werden möchte, sollte dies auch umgekehrt funktionieren! Also gibt es, je nach Gewässer, verschiedene Verhaltensregeln:

a) Eigene Anlage nur anschalten, wenn wirklich feststeht, dass dort kein anderer Modellbauer mit demselben Quarz schon ein Modell lenkt.

b) Mit dem eigenen, schnellen Boot nie zu dicht an langsamen Boote vorbeifahren. Durch die Wellenbildung könnte ein langsames Boot kentern.

c) Starke Wellenbildung vermeiden, wenn andere sich noch an der Ufermauer mit ihrem Modell befinden. Durch das Schlingern können Rümpfe zerkratzt und Aufbauten oder Details abgerissen werden.

d) Rennboote, die mit Elektro- oder gar Verbrennermotoren angetrieben werden, vorher bei anderen Skippern mit langsameren Modellen ankündigen. Nicht selten holen sie dann ihre Modelle (zum Selbstschutz) von der Wasserfläche. Da meist die Akkus der Rennboote nach rund fünf Minuten leer sind, ist das eine willkommene Abwechslung.

e) Verbrennermotoren nur an den Gewässern einsetzen, an denen es erlaubt ist.

f) Windkraft geht vor Motorkraft. Mit anderen Worten: Segelboote unter Segel ohne Zusatzmotor haben Vorfahrt.

g) Nicht jeder Angler duldet zur gleichen Zeit auch einen Unruhestifter mit Schiffsmodell neben seinem Schwimmer. Doch kenne ich viele Angler, mit denen man vorher über sein Hobby reden kann. Durch ein frühes Gespräch kann man sich über die „Aufteilung der Wasserfläche" auch im Guten einigen.

h) Enten stören zwar manchmal, aber sie werden nicht gejagt. Irgendwann haben auch die Wasservögel genug von dem schwimmenden Modell und ziehen weiter. Bei Zuwiderhandlung erlebt man nicht selten Wutausbrüche von Passanten.

i) Bei Schwänen äußerste Vorsicht! Die meisten dulden nur ungern einen zweiten „Platzhirschen". Sie sind sehr schnell und reichen mit ihren flinken, langen Hälsen über das ganze Deck der meisten Modelle.

j) Sollten Schwimmer im Wasser sein: Abstand halten!

k) Vorsicht auf „Kahnweihern". Viele Leute denken, dass sie mit der Mietgebühr des Kahns auch alle anderen Rechte auf dem Weiher gekauft hätten.

l) Vorführungen vor Brücken sehen zwar gut aus und gefallen dem einen oder anderen, haben aber oftmals auch einen Beigeschmack: Nicht selten befinden sich anschließend auf Deck des Modellschiffs (un-)menschliche Dinge, die dann auch schon einmal die Zornesröte beim Modellbauer aufsteigen lassen.

m) Vorsicht beim Einsatz von so genannten Monitoren, also Wasserspritzkanonen. Nicht jede Mutter liebt es, wenn ihr Kind nass gespritzt wird und so mancher Vater verträgt auf der Sonntagskrawatte kein Wasser.

10. Erste Inbetriebnahme einer neuen Anlage

Nachfolgend werde ich nun ausführlich Schritt für Schritt beschreiben, wie man eine neue Fernsteuerungsanlage nach dem Kauf kontrolliert, die Empfangsanlage für den Test richtig aufbaut, die Akkus einsetzt und die erste Funktionskontrolle durchführt.

Zu diesem Zweck werde ich eine bei Schiffsmodellbauern beliebte Computeranlage der Firma Graupner vorstellen, die sowohl für den Neueinsteiger als auch für den erfahrenen Modellbauer geeignet ist. Bei der MC-10 von Graupner stimmt zudem das Preis-/Leistungsverhältnis. Es handelt sich bei der Grundversion um einen auf sieben Kanäle ausbaufähigen 4-Kanal-Sender. Das reicht aufgrund der nachfolgend beschriebenen Ausbaumöglichkeiten für die Ansteuerung vieler Sonderfunktionen.

Ich weise darauf hin, dass die nun erläuterten Verfahrensweisen bei nahezu allen Fernsteuerungsanlagen gleich sind und daher auf andere Modelle übertragen werden können. Auch die den Geräten beiliegenden Betriebsanleitungen ermöglichen ein schnelles Erforschen und Erlernen der jeweiligen Funktionen der RC-Anlage und sollten nicht unbeachtet in der Schublade verschwinden.

10.1. MC-10 von Graupner

Schon auf der Verpackung der MC-10 von Graupner findet der Kaufinteressent einige wichtige Hinweise. Ausbaubares Fernlenkset: Hier erhält der Kunde also mit dem Erwerb des Senders auch den passenden Empfänger, die entsprechenden Sender- und Empfängerquarze (in diesem Fall für das 40-MHz-Band), eine Rudermaschine C 577, eine Akkuhalterung für die Empfängerstromversorgung, ein Verbindungskabel mit Schiebeschalter für die Inbetriebnahme der Empfangsanlage sowie eine Senderbatterie mit einer sehr hohen Kapazität von 2.500 mAh. Bei der Senderbatterie hat der Hersteller wirklich auf eine möglichst lange Fahrzeit geachtet. Vor etwa 30 Jahren reichten hier noch 500 mAh. Vor 15-20 Jahren wurde langsam auf Akkus mit 1.400 mAh hochgerüstet. Es sollte jedoch auch daran gedacht werden, dass ein so großer Akku den Sender unter Umständen schwerer macht. Mittlerweile werden jedoch auch Akkuzellen angeboten, die ohne Gewichtszunahme eine wesentliche Kapazitätserhöhung vorweisen können.

Beim Empfänger handelt es sich nicht um den seit Jahren bewährten C 17, wie es auf der Verpackung gezeigt wird. Statt dessen liegt dem Set der 7-Kanal-Empfänger R 700 bei, der bei kleineren Abmessungen über vergleichbare Leistungsdaten wie der C 17 verfügt. Für das C-577-Servo sind noch verschiedene Ruderhörner und ausreichendes Befestigungsmaterial im Set enthalten. Die Senderantenne ist im Sendergehäuse geschützt in einem eigenen Antennenschacht für den Transport untergebracht. Der Senderakku ist bereits montiert und auch der Senderquarz

Die MC-10 von Graup-
ner. Das Set in der Origi-
nal-Verpackung

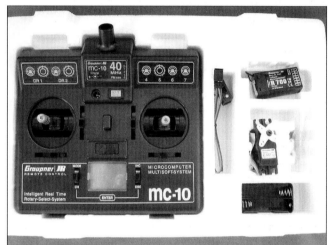

Die Komponenten der
Basisausführung

(TX) ist entsprechend eingesteckt. Es kann aber nichts schaden, den Sender trotzdem einmal zur besseren Orientierung zu öffnen. Hierbei bleibt der Sender selbstverständlich ausgeschaltet. Die Antenne wird zur besseren Handhabung abgedreht. Auf der Senderrückseite befindet sich rechts und links je ein Schieber, der zum Öffnen und Schließen zur Seite geschoben wird. Hiernach kann der Sendergehäusedeckel vorsichtig nach hinten geklappt werden. Dann sieht man auch die beiden „Nasen", die zum Einstecken und Arretieren der beiden Gehäuseschalen dienen. Die einzelnen Komponenten, die für eine

Erweiterung des Senders nennenswert sind, werden in diesem Kapitel noch ausführlich beschrieben. Der erste positive Gesamteindruck wurde bei mir noch dadurch verstärkt, dass der Wechselquarz auch bei geschlossenem Sendergehäuse gut einsehbar ist. Zur Kontrolle des eigenen Senderkanals muss also das Gehäuse nicht geöffnet werden.

Ein weiterer Pluspunkt der MC-10 ist, dass bei dieser RC-Anlage die eingegebenen Modell-Daten auch bei abgeklemmter Senderbatterie über mehrere Jahre gespeichert bleiben. Ein kleiner Minuspunkt war für mich, dass die auf der Gehäuseoberseite angebrach-

Sendergehäuse von unten mit Antennenschacht. Am oberen Rand des Gehäusedeckels sind die beiden Schieber zum Öffnen des Senders zu erkennen

te Senderladebuchse keine Abdeckung hat. Wenn nun der Modellkapitän während seiner Vorführung oder bei seinem Regattalauf vom Regen überrascht wird, kann ein Regentropfen in dieser Ladebuchse unnötigen Schaden verursachen. Auf der anderen Seite hat diese Ladebuchsenanordnung jedoch auch einen Pluspunkt: Der Senderakku kann auch dann bequem geladen werden, wenn sich der Sender in einer Pulthalterung befindet.

Zur Ladebuchse selbst ist noch zu sagen, dass sich hier eine im Sender eingebaute Rückstrom-Sicherheitsschaltung befindet. Der Vorteil aus der Perspektive des Herstellers liegt darin, dass dadurch Schäden an der Senderelektronik durch Verpolen oder Kurzschluss verhindert werden. Diese Schaltung verhindert leider aber auch das Aufladen des Senderakkus mit einem Automatik- bzw. Computerladegerät. Aus diesem Grunde kann der Akku der MC-10 nur mit den einfachen Multiladegeräten geladen werden. Ich lade den Senderakku (außerhalb des Senders) nach zwei bis drei Normalladungen mit einem Multiladegerät mit einem Computerlader, um sicherzustellen, dass der Akku seine volle Kapazität behält. Wer im Sender den Jumper umsteckt, kann auch Computerlade-

geräte anschließen. – Aber der Sender ist dann nicht mehr kurzschlusssicher! Herstellerseitig werden für die Senderladebuchse oftmals maximale Ladeströme von etwa 300 bis 500 mA angegeben. Diese Angaben sind in jedem Fall zu berücksichtigen.

10.1.1. Vorbereitung des Senders
Damit der Sender später auch genügend Sendeleistung hat, muss der bereits eingebaute Akku geladen werden. Leider liegt dem Set der MC-10 kein entsprechendes Ladekabel bei, es ist jedoch als Zubehör bei Graupner erhältlich.

Wer sich mit Steckern und Lötarbeiten auskennt, kann dieses Ladekabel auch kostengünstig selbst herstellen. Die Firma Graupner weist in der Betriebsanleitung ausdrücklich darauf hin, dass die Pole an der Ladebuchse der MC-10 gegenüber anderen Fabrikaten vertauscht sind. Bei Laden mit nicht originalen Ladekabeln ist die Polarität also sorgfältig zu prüfen. Nur beim Einsatz des originalen Ladekabels von Graupner kann man sich auf die Farbkennzeichnung der Kabel verlassen. Die Ladezeit hängt von der Akkukapazität und dem Ladestrom ab. Während des Ladevorgangs muss der Sender ausgeschaltet sein

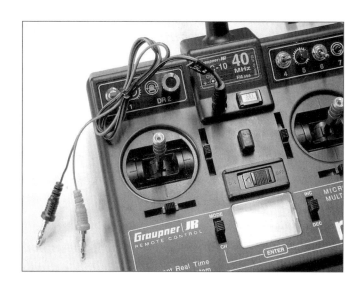

MC-10 mit eingestecktem Graupner-Ladekabel

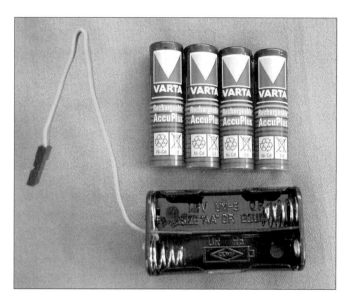

Die Akkuhalterung mit vier Mignonzellen (Größe AA)

(Schalter steht auf OFF). Der Sender und das Ladegerät sind auf einer ebenen, trockenen und geraden Fläche abzustellen. Da viele Ladegeräte auch an ihren Oberseiten Lüftungsschlitze haben, sollte auf dem Ladegerät selbst nichts abgelegt werden. Auch sollte das Ladegerät rundherum nicht zugestellt werden, damit die ausströmende warme Luft besser abziehen kann. Die Akkuhalterung für die

Empfängerstromversorgung ist nun mit vier gleichwertigen (gleiche Kapazität) Mignonzellen (Größe AA) zu füllen. Nun müssen die Zellen noch geladen werden. Auch hier fehlt leider das passende Ladekabel im Set, es ist ebenfalls als Zubehör erhältlich. Jetzt kann der Servostecker in den Empfängerausgang Nr. 1 eingesteckt werden. Ein Verpolen der Anschlüsse ist aufgrund des speziellen Ste-

Das Ladekabel für die Empfängerakkus

ckers nicht möglich. Hiernach wird die mit Akkuzellen gefüllte Akkuhalterung mit dem Ein-/Ausschalterkabel verbunden. Auch hier ist das Einstecken des Steckers nur polrichtig möglich.

Daraufhin wird das Anschlusskabel noch mit dem Empfänger verbunden. Dies erfolgt in unserem Fall an der mit „Batt" gekennzeichneten Buchse. Prinzipiell kann der Empfängerakku aber an jede Buchse des Empfängers angeschlossen werden. Auch hier schützt die Verpolungssicherheit des Graupner-Steckersystems vor Fehlern.

Für den Fall, dass jemand ein anderes Set kauft als das hier beschriebene, sei erwähnt, dass vor dem ersten Einschalten der RC-Anlage die jeweiligen Quarze sowohl im Sender wie auch im Empfänger eingesteckt sein müssen.

Die Quarze haben zwei kleine Pins. Da es hierbei keine beachtenswerte Polarität gibt, spielt es keine Rolle, welcher Pin wo eingesteckt wird. Es sollte hierbei allerdings auf eine behutsame Handhabung geachtet werden, da die beiden Pins sich leicht seitlich verbiegen oder gar der Quarz zerbrechen kann.

10.1.2. Inbetriebnahme des Senders

Hier ist zuerst die Antenne aus dem rückwärtigen Aufbewahrungsschacht zu entnehmen und in die vorgesehene Antennenbuchse rechtsherum einzudrehen. Daraufhin wird die Senderantenne komplett ausgezogen. Nun kann der Sender eingeschaltet werden. Dies geschieht mittels Schiebeschalter, der sich bei der MC-10 oberhalb des Displays befindet. Danach kann der Empfänger mit dem Schiebeschalter am Stromversorgungskabel eingeschaltet werden.

Nun wird das im Empfänger eingesteckte Servo automatisch in seine Mittelstellung gefahren.

Wird nun der rechte Kreuzknüppel nach vorn und zurück bewegt, erfolgt der Servoausschlag in gleicher Weise. Mit anderen Worten: der 1. Kanalausgang funktioniert.

Daraufhin kann die Stromverbindung für den Empfänger wieder mittels Schiebeschalter unterbrochen werden. Jetzt wird das Servoanschlusskabel an den Empfängerausgang Nummer 2 angeschlossen. Hier ist in jedem Fall zu beachten, dass Servo- oder Stromversorgungskabel nie am Kabel ausgezogen

Das Multifunktionsdisplay der MC-10 zeigt hier die Spannung des Senderakkus von 10,0 Volt an

Der Versuchsaufbau für den Funktionstest der RC-Anlage, hier mit nur einem angeschlossenen Servo

werden sollten. Um das Abreißen der kleinen Litzenkabel zu vermeiden, wird jedes Kabel am Stecker ausgezogen.

Danach wird der Strom wieder eingeschaltet und der rechte Kreuzknüppel wird von rechts nach links bewegt. Erfolgt auch hier wieder eine entsprechende Bewegung des Servos, funktioniert auch der Empfängerausgang Nummer 2 und natürlich der entsprechende Senderkanal.

Nun werden die letzten beiden Punkte noch zweimal wiederholt, um die Funktions-

kontrolle des Basissenders mit den 4 Kanälen durchzuführen. Für die Kanäle 3 und 4 wird der linke Kreuzknüppel entsprechend bewegt, während das Servo an den Empfängerausgängen 3 bzw. 4 eingesteckt ist.

Natürlich kann man die Servos auch dann vom Empfänger trennen oder anschließen, wenn der Empfängerstrom noch angeschaltet ist. Dies sollte man aber vermeiden. Besonders wenn das Servo bereits mit dem Rudergestänge verbunden ist, kann es durch einen plötzlichen Vollausschlag des Servos zu Be-

Die gesamte Basisanlage mit vier angeschlossenen Servos. Neben dem im Set mitgelieferten Servo C 577 in Standardgröße ist gut das Mikro-Servo C 141 (ebenfalls von Graupner) zu erkennen

schädigungen am Boot kommen. Von daher ist in jedem Fall zu raten: Immer erst die Stromversorgung unterbrechen, bevor an der Empfangsanlage gearbeitet wird.

10.1.3.
Die Anzeigen im Display der MC-10

Die Displayanzeige der MC-10 gibt zweireihig Auskünfte über die nachfolgend erläuterten Punkte. Die Liste der beschriebenen Funktionen orientiert sich am Bedarf des Schiffsmodellbauers. Die MC-10 verfügt besonders für den Einsatz im Flugmodellbaubereich noch über weitere, hier nicht behandelte Funktionen.

Die Betriebsspannung wird generell angezeigt, sobald die Senderanlage eingeschaltet wird. Die Anzeige geschieht in der unteren der beiden Reihen. Bei zu niedriger Akkuspannung ertönt ein Warnton. Spätestens dann sollte das Modell so schnell wie möglich zurückgeholt und ausgeschaltet werden. Danach wird auch der Sender sofort ausgeschaltet.

In der oberen Reihe wird der Modellspeicher angezeigt. Die MC-10 verfügt über zwei Modellspeicher, in denen jeweils die Einstellungen für ein Modell abgelegt werden können. **MDI** im Eröffnungsbildschirm ist somit ein Kürzel für die **Mo**Dellnummer **1**.

Mit den beiden Wippschaltern neben dem Display lassen sich alle weiteren Einstellungen problemlos vornehmen. In den meisten Fällen ist ein Wippschalter für die Auswahl der gewünschten Einstellung (Mode) zuständig und der andere Schalter ist für die Zunahme oder Minderung der Intensität einer Einstellung zuständig.

Wenn bei der MC-10 beide Wippschalter (links MODE – CH und rechts INC – DEC) gleichzeitig nach unten gezogen werden, wird der Einstellmodus (ENTER) aktiviert bzw. nach erfolgter Eingabe wieder deaktiviert. Mit dem linken Wippschalter kann nun der gewünschte Bereich gewählt werden.

- MODE: Bedeutet in diesem Fall die Auswahl der verfügbaren Funktionen.
- CH: Ist die Abkürzung für Channel (zu Deutsch: Kanal). Hiermit kann unter den sieben verschiedenen Kanälen des Senders ausgewählt werden.
- MDL: Die Festlegung der Modellnummer. Ermöglicht die Abspeicherung der Daten für das jeweilige Modell.
- SW: Schaltersteckplatzzuordnung. Hiermit kann frei entschieden werden, welche der beiden zusätzlichen Stecker (getrennt oder beide) mit Dual-Rate ausgestattet werden sollen. Dadurch wird der Servoweg von 0 bis 125% des normalen Steuerweges (100%) verändert.

- RST: Reset. Sollen Eingaben gelöscht werden, ist dies durch das gleichzeitige Betätigen der Wippschalter möglich. Durch die Löschung der eigenen Eingaben werden die Werkseinstellungen wieder aktiviert.
- REV-NORM: Servoweg-Umkehr. Hiermit kann die Servodrehrichtung jedes Kanals umgekehrt werden. Die Wahl der Servodrehrichtung ist vor allen anderen Einstellungen, wie Servomitte oder Servoweg vorzunehmen.
- SB-TRIM: Servomittenverstellung. Unabhängig von den Sendertrimmhebeln kann die Neutral-/Mittenstellung des Servos im Bereich von ± 125% verschoben werden.
- TRV-ADJ: Travel Adjust (zu Deutsch: Servoweg-Einstellung). Diese Einstellung ermöglicht die Verstellung des maximalen Servoweges. Dies ist getrennt für jede Seite möglich. Meist sind die RC-Anlagen werkseitig auf ± 100% voreingestellt. Es können jedoch getrennte Eingaben bis zu ± 150% vorgenommen werden.

Fortgeschrittene Modellbauer, die verschiedene Sonderfunktionen untereinander oder in Abhängigkeit von einer anderen Funktion mischen oder schalten möchten, werden mit den Programmen der MC-10 ebenfalls ihre Freude haben. So kann zum Beispiel bei einem Zweischrauben-Schiffsmodell die Motordrehzahl und Motordrehrichtung eines jeden einzelnen Motors getrennt angesteuert werden. Wenn nun beispielsweise ein Offshore-Schlepper so gesteuert wird, kann mit zwei Motoren und zwei Rudern das Schiffsmodell in Vor- und Rückwärtsfahrt hervorragend manövriert werden. Selbst das Traversieren (Schrägfahren) des Modells ist dann ohne Bugstrahlruder leicht zu realisieren. Hierzu wird lediglich ein V-Mixer benötigt. Die Einstellung bzw. der Anschluss ist für fortgeschrittene Modellbauer anhand der dem RC-Anlagen-Set beiliegenden, ausführlichen Programmierungsanleitung leicht vorzunehmen.

10.1.4. Ergonomie: Ermüdungsfreies Steuern mit der MC-10

Bei der MC-10 und vielen anderen Sendern kann mit einem Inbusschlüssel der Größe 2 die sich im Steuerknüppel befindliche Madenschraube losgeschraubt werden. Hiernach kann der Knüppel hinein- oder herausgedreht werden. Somit wird der Knüppel kürzer oder länger. Wenn die individuelle Einstellung vorgenommen wurde, kann mittels der nun wieder einzudrehenden Madenschraube der

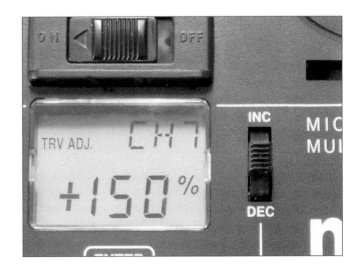

Der Servoweg für Kanal 7 wurde auf +150% eingestellt

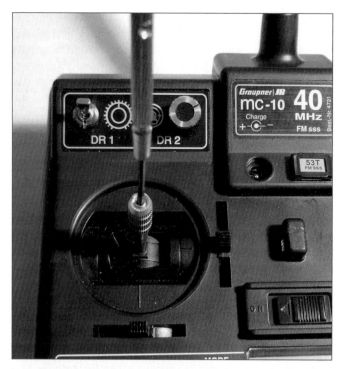

Der in der Maden-
schraube des Steuer-
knüppels eingesteckte
Inbus-Schlüssel

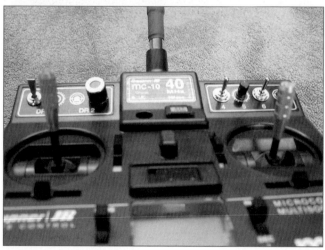

Der linke Kreuzknüppel
wurde auf die längste
Position eingestellt

Knüppel wieder arretiert werden. Damit die Kreuzknüppel feinfühliger betätigt werden können, empfiehlt sich die Anschaffung eines Sendertragegurtes. Der in der Abbildung auf Seite 95 gezeigte Gurt ist für die Befestigung in der Sendermitte vorgesehen. Hierzu wird lediglich ein beigefügter Ring in die entsprechende Halterung im Sendergehäuse eingesteckt und der Gurt mittels Karabinerhaken eingehängt. Der Gurt ist in der Nackenpartie gut gepolstert und ermöglicht auch bei längeren Ausfahrten ermüdungsfreies Steuern.

MC-10 mit montiertem Trageriemen

Der Tragegurt mit Mittelbefestigung erleichtert zwar die Senderhaltung, versperrt aber die Sicht auf das Multifunktionsdisplay

Ein Nachteil des zentral befestigten Tragegurts ist, dass er den direkten Blick aufs Display versperrt. Da der Sender bei leerem Akku jedoch ein akustisches Warnsignal ausgibt, ist dieses Manko nicht wirklich gravierend.

Wem bei längeren Fahrzeiten die Arme lahm werden, sollte sich auch noch ein Senderpult zulegen. Hierin wird der Sender eingeschoben. Das Pult bietet an den Seiten des Gehäuses den Händen eine große Auflagefläche und sorgt so für eine ergonomische Senderhandhabung. In den seitlichen Fächern ist zudem Platz für kleine Werkzeuge, eine Sonnenbrille oder „Notproviant" aller Art ...

10.1.5.
Ausbaumöglichkeiten der MC-10
Vor und während des Senderausbaus ist die Spannungsversorgung abzutrennen und die Antenne abzuschrauben.
Folgende Komponenten werden in den Sender eingebaut:
- Ein 1/5 Kanal Nautik-Multi-Split-Modul. Dieses Modul teilt einen Senderkanal in

Das Senderpult von Graupner mit Karbonoptik für die MC-10

fünf Kanäle auf. Angesteuert werden diese fünf Kanäle über zwei 3-Stufenschalter, ein Drehpoti für die Proportionalfunktion und einen kleinen Kreuzknüppel (funktioniert ähnlich wie ein Joystick) mit zwei getrennten Achsen. Beim Kauf dieses Ausbauteils ist daran zu denken, dass für den Sender eine neue Abdeckblende gekauft werden muss, da sie leider nicht im Lieferumfang des Nautik-Multi-Split-Moduls enthalten ist.

- Ein 2-Kanal Proportional-Drehmodul
- Ein 2-Kanal Schaltmodul

Passend zum Senderausbau wird empfängerseitig benötigt:

Ein 1/5 Kanal Nautik-Multi-Split-Decoder. Der Decoder setzt die Signale des Nautikmoduls im Sender so um, dass Servos, Segelwinden, Fahrtregler, Soundmodule, Leistungsschalter, usw. angesteuert werden können.

Wie arbeitet ein Multi-Split-Decoder?

An ihm können wahlweise Proportional- (Ausgang P) oder Digital- (Ausgang D) Funktionen angeschlossen werden.

- Digital-Funktion bedeutet: Bei Schalterbetätigung bewegt sich ein angeschlossenes Servo direkt in die entsprechende Endstellung. Wird der Schalter nunmehr wieder in die Mittelstellung zurückgestellt, so dreht sich das Servo sofort wieder bis zum Erreichen seiner Neutrallage.
- Proportional-Funktion bedeutet: Bei Betätigung des entsprechenden Schalters dreht sich ein hier angeschlossenes Servo so lange in die entsprechende Richtung, bis der Schalter wieder in seine Mittelstellung zurückgebracht wird. Das Servo bleibt dann an der erreichten Stellung stehen.

Der große Vorteil dieses Decoders liegt darin, dass die beiden Möglichkeiten, Digital und Proportional, auch gleichzeitig verwendet werden können. So kann mit dem kleinen Kreuzknüppel beispielsweise ein Drehkran oder ein Feuerlöschmonitor vorbildgerecht über beide Achsen gleichzeitig und problemlos gesteuert werden.

Wie hoch ist die Empfangsicherheit der am Decoder angeschlossenen Funktionen?

Der Decoder verfügt über eine Failsafe-Funktion, die bei fehlenden Fernsteuerungssignalen oder bei Störungen die Digital-Funktionen in die Mittelstellung fährt. Hierdurch werden eventuell angeschlossene Fahrtregler oder Steuermodule automatisch abgeschaltet.

Weiterhin ist der Decoder mit einer Hold-Funktion ausgerüstet, die bei fehlenden Fernsteuerungssignalen oder bei Störungen der Proportional-Funktionen in der letzten korrekt empfangenen Position hält, um beispielsweise unkontrollierte Bewegung von Rudermaschinen auszuschließen.

10.1.6. Einbau des Nautikmoduls in die MC-10

Wer die im Sender vorhandenen Abdeckplatten nicht gegen die als Zubehör erhältlichen

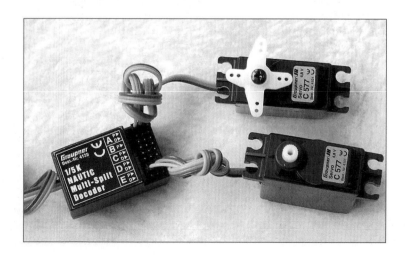

Decoder mit zwei angesteckten Servos

96

Auch Fahrtenregler können an den Decoder angeschlossen und proportional angesteuert werden

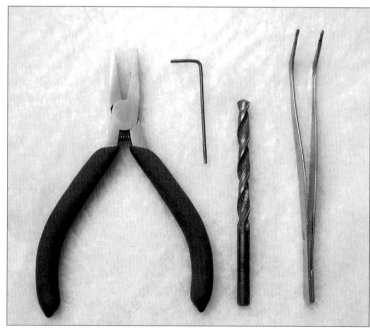

Die Werkzeuge für den Senderausbau (von links): Zange, Inbusschlüssel Größe 1, 6-mm-Eisenbohrer, Pinzette

Abdeckungen austauschen möchte, muss im Sendergehäuse an den vorgezeichneten Stellen in den Platinenabdeckungen Löcher bohren.

Die wenigen Werkzeuge, die hierzu benötigt werden, liegen wohl in fast jedem Bastelkeller.

Neben einem 3,5-mm-Metallbohrer für das Loch des kleinen Kreuzknüppels wird noch ein 6-mm-Metallbohrer für die restlichen Löcher benötigt. Hierein können sowohl die Wippschalter wie auch der Drehknopf des Potis eingesteckt werden. Um die Löcher auch zentrisch und sauber zu bohren, werden zuerst alle Löcher mit dem 3,5-mm-Bohrer vorgebohrt. Zum Festziehen der Haltemuttern eignet sich entweder eine abgewinkelte Pinzette oder eine Spitzzange.

Zum Lösen des Drehknopfes wird noch ein kleiner Inbusschlüssel der Größe 1 benötigt.

Wer nicht mit „spitzen Fingern" im Senderinneren arbeiten möchte, kann mit der oben erwähnten Pinzette auch ganz leicht die Anschlusskabel in die vorgesehenen Buchsen auf der Senderplatine einschieben. Wenn keine vorgebohrten Abdeckplatten angeschafft werden sollen, kann das werkseitig aufgeklebte Foliendesign genutzt werden, um zentrisch ein passendes Loch zu bohren. Die Muttern werden von den Kippschaltern abgedreht und die jeweiligen Schalter in die Löcher von hinten eingesteckt. Hiernach werden die Muttern wieder auf das vorstehende Gewinde aufgeschraubt. So wird der Schalter bzw. die ganze Platine des Moduls am Sendergehäuse befestigt. Damit die Schalter sich nicht selbständig lösen können, wird die jeweilige Mutter noch mit einem passenden Schraubenschlüssel oder mit einer Pinzette angedreht. Einige Hersteller haben ihre Senderausbauplätze bereits passend aufgebohrt und die Öffnungen mit

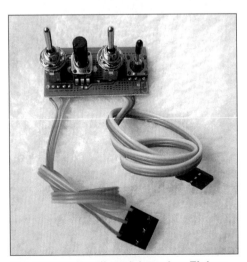

Das 5-Kanal-Nautikmodul vor dem Einbau

steckbaren Abdeckungen geschlossen. Diese Steckabdeckungen müssen dann lediglich entsprechend des vorgesehenen Senderausbaus entnommen werden.

Wie verbinde ich die Einbauten mit der Senderelektronik?

Das Anschlusskabel des am Außenrand des Sendergehäuses eingebauten 2-Kanal-Kippschalters wird an den nächsten freien Kanalanschluss gesteckt.

In unserem Fall ist das Kanal 5 (CH 5). Hierbei ist die Polung des Steckers unerheblich. Als nächstes wird das Proportional-Drehmodul mit dem Steckplatz für Kanal 6 (CH 6) der Senderplatine verbunden. Auch hier spielt die Polung keine Rolle.

Jetzt wird das Nautikmodul angeschlossen. Dazu wird der breite, fünfpolige Stecker in der Platinenmitte des Senders eingesteckt. Dabei zeigt das braune Kabel nach oben (Richtung Antenne) und das orangefarbene Kabel nach unten (wo sich die Akkuhalterung befindet). Der dreipolige Stecker wird nun rechts oben in die Buchse der Senderplatine eingesteckt. Da es sich hierbei um den letzten Ausbau handelt, wird folglich auch hier der letzte Steckplatz genommen, also Kanal 7 (CH 7). Dabei ist die Steckrichtung wieder ohne Bedeutung, da hierdurch lediglich die Steuerrichtung (Servoweg rechts oder links) beeinflusst wird.

Was ist bei der Erstinbetriebnahme des Senders mit eingebautem Nautikmodul zu beachten?

Wie zuvor erwähnt, kann das Modul an einen der drei Ausbaukanäle (Kanal 5, 6, oder 7) angeschlossen werden. Im vorliegenden Fall ist dies Kanal 7. Die Servowegumkehr (REV NORM) muss für diesen Kanal (CH 7) auf „normal" (NORM) stehen.

- Dazu die beiden Wippschalter gleichzeitig in Richtung CH + DEC (= ENTER) drücken.
- Danach so lange CH antippen, bis Kanal CH 7 erscheint.

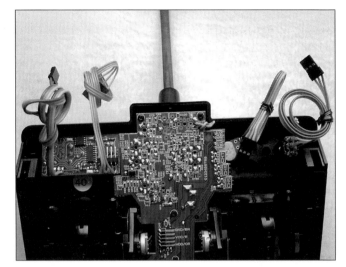

Die beiden Kipp- und Drehschalter sowie das 5-Kanal-Nautikmodul im geöffneten Sendergehäuse. Die Verkabelung steht noch aus

Der Schalter, das Drehpoti und das Nautikmodul sind an der Senderelektronik angeschlossen

- Unter dem Text REV NORM im Display muss jetzt unter NORM ein Balken zu sehen sein.
- Ansonsten durch Antippen von DEC oder INC auf NORM wechseln.

Die Servowegeinstellung (TRV ADJ) desselben Kanals muss nun für jede Seite getrennt (also rechter und linker Knüppelausschlag) auf +150% und -150% eingestellt werden. Hierzu wird einer der beiden 2-Kanal-Schalter (hierbei ist gleich, ob Kipp- oder Drehschalter) in den einzustellenden Kanal (CH 7)

im Sender eingesteckt (bei ausgeschaltetem Sender).
- Sender wieder einschalten und gleichzeitig CH + DEC (= ENTER) drücken.
- So lange CH antippen, bis Kanal 7 angewählt ist
- Den an Kanal 7 angeschlossenen Schalter in Endstellung einer Seite bringen.
- Nun mit DEC bzw. INC den Servoweg auf +150% bringen.
- Danach den Kippschalter zur anderen Seite in Endstellung bringen.

Der ausgebaute Sender

Die Displayanzeige für die Einstellung der Servowegumkehr. Der kleine Balken zeigt an, dass für Kanal 7 (CH 7) die Richtung NORM eingestellt ist

- Den Servoweg mit DEC oder INC auf - 150% einstellen.
- Durch gleichzeitiges Drücken von CH + DEC (= ENTER) die Eingabe beenden.

Nach erfolgter Einstellung kann man – falls im Empfänger auf Kanal 7 ein Servo eingesteckt ist – feststellen, dass der Servoweg (dieses Kanals) vergrößert wurde.

Nun kann im Sender wieder ein Kanaltausch vorgenommen werden. Der Schalter wird von Kanal 7 abgezogen und das Nautikmodul wird angesteckt.

Sollte nun eines der am Decoder angeschlossenen Servos bei Vollausschlag etwas zittern, ist die Mittenverstellung geringfügig, um etwa ± zwei Prozentschritte, nachzuregulieren.

Die ausführliche Beschreibung der Programmierung des Senders soll zeigen, dass es keine unüberwindbaren Hürden gibt. Den ein oder anderen Leser, der beim bloßen Le-

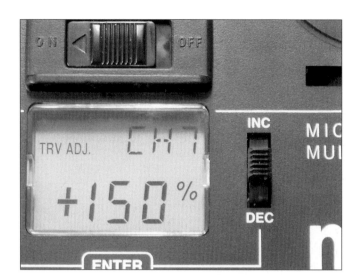

Der Servoweg (TRV ADJ) wurde für Seite auf +150% erhöht

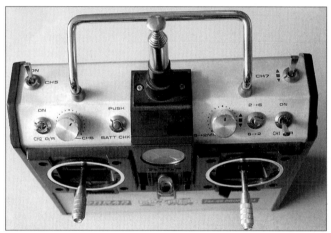

Ein älterer, ausgebauter Sender von Conrad

sen ohne vorliegenden Sender Zweifel haben sollte, ob ihm die Einstellarbeiten am Sender gelingen, kann ich beruhigen. Wenn der Sender in der Hand gehalten wird, und die Bedienungsanleitung des Geräts sorgfältig gelesen wurde, ist es wirklich keine große Sache mehr, die Programmierung selbst durchzuführen.

Die oben aufgezeigte Reihenfolge der Eingabe ist bei der MC-10 vom Hersteller so gewünscht und sollte auch eingehalten werden. Geräte anderer Hersteller funktionieren fast nach dem gleichen Prinzip, auch wenn die Knöpfe oder Tasten gelegentlich

anders genannt werden. Doch auch dies dürfte selbst einem Modellbauneuling keine große Schwierigkeit bereiten. Im Notfall gibt es immer eine Betriebsanleitung oder den Rat des Fachverkäufers. Wer schon Kontakt mit einem Schiffsmodellclub aufgenommen hat, hat es besonders leicht. Dort findet man immer Kollegen, die einem gerne mit Rat und Tat zur Seite stehen. Hat man sich erst einmal grundlegend mit dem Prinzip der Senderprogrammierung vertraut gemacht, gelingen die Einstellungen sehr schnell auch ohne Blick in die Anleitung. So wird man selbst zum

Das Innenleben der
Conrad-Anlage

„alten Hasen" und kann selbst dem nächsten Einsteiger weiterhelfen.

Wie gestalten sich die Umbauarbeit bei anderen Herstellern bzw. Anlagen?

Bei den allermeisten Herstellern und Gerätetypen ist die Ausbauarbeit fast gleich. Wer sich also für eine andere RC-Anlage als die hier vorgestellte entscheiden sollte, kann trotzdem beruhigt mit diesem Hintergrundwissen seine neue Anlage aus- und umbauen. Die Kabelsteckplätze/Buchsen sind immer leicht zu erkennen. Meist sind die Buchsen verpolungssicher ausgelegt. Es sei denn, es spielt keine Rolle, zu welcher Seite das Kabel angeschlossen werden soll. Die Durchbrüche bzw. Steckplätze in den Sendergehäusen sind vorhanden und müssen meist nur noch durchgedrückt/geöffnet werden. Hierein werden dann die einzelnen Schalter oder Module nur noch eingesetzt.

10.2. Pistolensender: C4-RACE von Graupner

Rennbootpiloten und Fahrer von RC-Cars bevorzugen immer häufiger die handlichen Fernbedienungen mit Pistolengriff. Diese Anlagen liegen sicher in der Hand und die

Geschwindigkeit wird mit dem Zeigefinger an einem Pistolenabzug fein dosiert geregelt. Mit der anderen Hand wird mit dem seitlich angeordneten Drehrad die Richtung des Modells gesteuert. Für den Einsteiger und den

Die C4-RACE von Graupner

an sportlichen Modellbooten interessierten Modellbaufreund sind diese Anlagen sehr gut geeignet. Ihr Funktionsprinzip und die typischen Ausstattungsmerkmale werden am Beispiel der C4-RACE von Graupner vorgestellt und erklärt. Bei der C4-RACE handelt es sich um einen 2-Kanal-Pistolensender für Einsteiger. Er arbeitet mit der preiswerteren AM-Übertragungstechnik, von Graupner Superschmalband (SSM) genannt. Angeboten wird die C4-RACE sowohl für das 27-MHz- als auch für das 40-MHz-Band.

Da die meisten Modellskipper ihre Anlagen im mittlerweile oftmals schon überfüllten 40-MHz-Band betreiben, habe ich mich an dieser Stelle für die 27-MHz-Version entschieden, die natürlich in der übrigen Ausstattung baugleich mit der 40-MHz-Version ist.

10.2.1. Bedienelemente an der C4-RACE

- Steering Rate Adjuster: Hier handelt es sich um ein variables Dual-Rate. Die Wirksamkeit des Steuerrades kann mittels dieses Einstellers stufenlos von 10 bis 100% verändert werden. Die Anordnung ist sehr günstig im Griffbereich und ermöglicht ein sehr schnelles Verändern der Steuercharakteristik, auch während der Fahrt. So kann beispielsweise bei sehr schnellen Modellen der Rudervollausschlag stark begrenzt werden und bei Langsamfahrt auch wieder auf 100% erhöht werden.
- Abzugssteuerhebel (Throttle Trigger): Arbeitet wie ein nach beiden Seiten funktionierender Pistolenabzug und ist für die Steuerung der Vor- und Rückwärtsfahrt des Modells zuständig.
- Trimmregler für den Abzugsteuerhebel: Dieser kleine Drehregler ist sehr nützlich, da er ein sehr feinfühliges Justieren der Motor-Funktion ermöglicht. Hier kann bei Verbrennermotoren die Leerlaufdrehzahl und bei Fahrtreglern für Elektromotoren die Neutralstellung (Trennung zwischen

Vor- und Rückwärtsfahrt) optimal eingestellt werden.
- Steuerrad für die Lenkung: Das mit Gummi überzogene Steuerrad ermöglicht eine feinfühlige Steuerung der Lenkung.
- Trimmregler für die Lenkfunktion: Ermöglicht ein sehr präzises Austrimmen der Lenkfunktion und sorgt so für eine feinfühlige Korrektur der Geradeausfahrt des Modells.
- Servo-Reverse-Schalter: Mit diesem Schalter kann die Drehrichtung der am Empfänger angeschlossenen Servos vom Sender aus (für jeden einzelnen Kanal getrennt) umgepolt werden. So ist eine sehr einfache Anpassung an das jeweilige Modell möglich. Hierbei kann zwischen der Normalstellung (N) und der Umpolstellung (R) umgeschaltet werden.
- Ladebuchse für wiederaufladbare Akkus: Mit einem im Zubehör erhältlichen Senderladekabel können die Akkuzellen im Sender aufgeladen werden. ACHTUNG: Die im Handel erhältlichen, optisch gleich wirkenden Ladekabel anderer Hersteller sind oftmals mit einer anderen Polarität ausgestattet! Daher sollten Graupner-Sender nur mit Originalladekabeln aufgeladen werden. Bei Verwendung anderer Kabel ist die Polarität vor der Ladung genau zu prüfen. Beim Ladestrom sollte in jedem Fall die Herstellerangabe bezüglich des maximalen Ladestroms beachtet werden. Die Ladebuchse der C4-RACE ist mit einer Rückstrom-Sicherheitsschaltung ausgestattet. Daher können die Akkus im Sender nicht an einem Automatik- bzw. Computerladegerät aufgeladen werden. Während des Ladevorgangs der im Sender befindlichen Zellen ist der Betriebsschalter auf AUS (OFF) zu stellen.
- Batterieanzeige: Die C4-RACE verfügt über eine dreistufige, farbige LED-Anzeige. Nebeneinander sind eine rote, eine gelbe und eine grüne LED angeordnet. Mit sinkender Spannung erlöscht zunächst

die grüne und später die gelbe LED. Wenn nur noch die rote LED leuchtet, muss der Akku sofort nachgeladen werden, ein sicherer Betrieb des Modells ist nicht mehr gewährleistet.

10.2.2. Empfänger B4 von Graupner

Der Empfänger B4 wird zusammen mit der C4-RACE im Set angeboten. Der B4 hat Anschlüsse für zwei Servos bzw. ein Servo und

Die Handhabung des Senders. Der Pistolengriff liegt gut der Hand

einen Fahrtregler sowie für die Empfänger-Stromversorgung. Diese Buchse ist mit „Batt. 4,8-7,2 V" bezeichnet. Die vorgenannten zwei Grundfunktionen werden bekanntlich bei Graupner als vier Kanäle bezeichnet.

Weiterhin ist der Empfänger mit verpolungssicheren Steckanschlüssen ausgerüstet. Dadurch wird erreicht, dass die Servos oder der Fahrtregler sowie der Stecker des Stromversorgungskabels nur richtig gepolt eingesteckt werden können. Dazu wurden alle Stecker herstellerseitig mit Fasen (abgeschrägten Kanten) versehen.

Ein weiterer Pluspunkt des Empfängers ist das integrierte BEC-System. Hierdurch wird der für die Empfangsanlage benötigte Strom aus der Fahrbatterie entnommen und auf ca. 5,0 Volt stabilisiert. Dadurch entfällt gegebenenfalls der Kauf eines Empfängerakkus, was im Modell Platz und Gewicht spart. In jedem Fall sind hier jedoch die vom Hersteller genannten Belastungsgrenzen des BEC-Systems zu beachten!

Sollten die gewählten Servos mehr Strom aufnehmen, als das BEC-System liefern kann, darf das BEC-System nicht mehr verwendet werden, da eine Überlastung zur Zerstörung des Empfängers und sogar der angeschlossenen Servos führen kann. Hier muss eine

Auf der Rückseite des Senders befindet sich die Aufnahme für den Wechselquarz

Die LED-Anzeige für die Senderakku-Spannungsanzeige

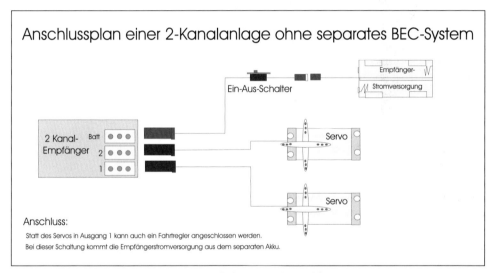

Anschlussplan einer 2-Kanalanlage ohne separates BEC-System

Ein-Aus-Schalter

Empfänger-
Stromversorgung

2 Kanal- Batt
Empfänger 2
1

Servo

Servo

Anschluss:
Statt des Servos in Ausgang 1 kann auch ein Fahrtregler angeschlossen werden.
Bei dieser Schaltung kommt die Empfängerstromversorgung aus dem separaten Akku.

Anschluss einer 2-Kanalanlage ohne BEC-System mit zwei Servos

eigene Spannungsversorgung für das „stromziehende" Servo zwischengeschaltet werden. Siehe hierzu auch die Zeichnung zum BEC-System auf Seite 106.

Weiterhin ist zu beachten, dass das BEC-System des B4-Empfängers nur bis zu einer Spannung von 7,2 Volt geeignet ist. Sollte das Modell mit einer Fahrbatterie mit mehr als 7,2 Volt Spannung ausgestattet sein, muss in jedem Fall eine separate Empfängerstromversorgung verwendet werden.

10.2.3. Handhabung des Pistolensenders

Auch mit einem so genannten Pistolensender sollte man nicht mit der Antenne direkt auf das Modell zielen, da dies die Reichweite der Anlage verkürzt und Empfangsstörungen auftreten könnten. Ansonsten gelten für einen sicheren Betrieb der Anlage auch hier die Regeln, die im Kapitel 9 beschrieben sind. Insgesamt handelt es sich bei der C4-RACE von Graupner um eine sportliche Anlage, die ge-

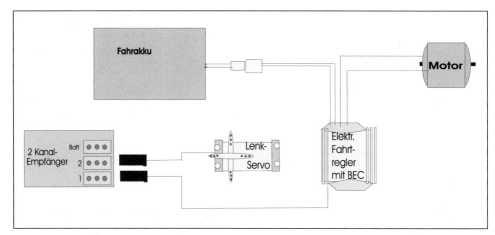

Aufgrund des BEC-Systems im Fahrtregler kann hier auf eine eigene Stromquelle für den Empfänger verzichtet werden. Die Belastungsgrenzen des BEC-Systems sind zu beachten

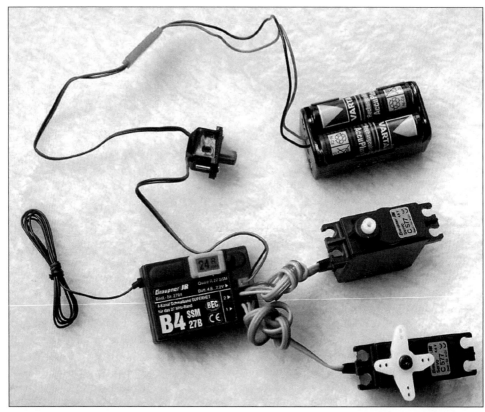

Komplette 2-Kanal-Empfangsanlage mit Graupner B4-Empfänger und zwei Servos. Anstatt des zweiten Servos wird in Schiffsmodellen mit Elektroantrieb meist ein elektronischer Fahrtregler eingebaut

rade auch bei Jugendlichen mit einer Vorliebe für schnelle (Renn-)Boote sehr gut ankommt. Für Skipper, die mit zwei Kanälen zur Steuerung ihres Modells auskommen, bieten die Pistolensender eine interessante Alternative zu ----den herkömmlichen Knüppelsendern. Zur Steuerung komplexer Funktionsmodelle sind Pistolensender hingegen nicht geeignet, da sie meist nur über zwei oder drei Kanäle verfügen und der Einbau von Nautikmodulen nicht vorgesehen ist.

Mit der linken Hand wird der Pistolensender gehalten und zugleich der Gashebel bedient. Die rechte Hand steuert die Lenkung. Zusätzlich können mit der rechten Hand während des Betriebs Feineinstellungen an der Trimmung und dem Dual-Rate-Schalter vorgenommen werden

Die beiden Trimmräder befinden sich direkt neben dem Steuerrad. Mit ihnen kann man getrennt für Steuerrad und Gashebel die Trimmung (Einstellung der Servo-Mittenposition) verändern

Mit dem Drehrad oberhalb des Sendergriffes kann die Dual-Rate-Funktion (Einstellung des Servo-Vollausschlags) bedient werden

11. Entstörung des Elektromotors

Vorrausetzung für die einwandfreie Funktion der Empfangsanlage in einem Modell mit Elektroantrieb ist ein korrekt entstörter Motor.

Bei Gleichstrommotoren wird der Strom für die Ankerspule mittels Kohlebürsten auf einen Schleifring übertragen. Durch diese mechanische Kommutierung (Stromeinspeisung) wird beim Betrieb dieser Motoren ein mehr oder weniger starkes Störspektrum erzeugt. Diese Störfrequenzen sind sehr breitbandig und reichen bis in den UHF-Bereich hinein.

Neben Rundfunk- und Fernsehgeräten wird vor allem der Fernsteuerempfänger vom laufendem Motor gestört. Im Nahbereich bei starkem Sendersignal machen sich die Störun-

gen unter Umständen noch nicht bemerkbar. Bei größerer Entfernung zwischen Schiffsmodell und Sender überwiegen jedoch die Störfrequenzen und das Modell ist nicht mehr steuerbar. Aus diesem Grund ist eine effektive Unterdrückung der Störimpulse unbedingt erforderlich.

Vereinfacht ausgedrückt entstehen beim Betrieb von Gleichstrommotoren Abreißfunken. Diese stören den Empfänger der Fernsteuerung. Da sich das Störfeld besonders im Bereich direkt um den Motor konzentriert, sollten als erste Maßnahme Motor und Empfänger räumlich weit getrennt voneinander untergebracht werden. Zusätzlich sollte aber der Motor in jedem Fall entstört werden. Dabei geht man folgendermaßen vor:

Zwischen jeder Motorzuleitung und dem Motorgehäuse wird je ein 10 nF (Nano Farad) Kondensator eingelötet. Zusätzlich wird vor dem Motor, zwischen den beiden Zuleitungen, noch ein 47 nF Kondensator gelötet – nur keine Angst, es gibt hier keinen Kurzschluss. Wichtig ist, dass die Kondensatoren so nah wie möglich am Motor installiert werden. Der Anschluss erfolgt also direkt an den beiden Stromanschlüssen des Motors. Für die Lötstelle am Gehäuse empfiehlt es sich, das Metall anzuschmirgeln und die Stelle zu entfetten, da das Lot dann besser haftet. Wenn die Drähte an den Kondensatoren zu lang sind, können sie gekürzt werden. Eine saubere Entstörung kann besonders bei kleinen (Ge-

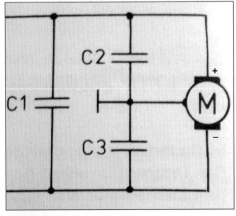

Schaltplan für den Kondensatorenanschluss (C1-C3)

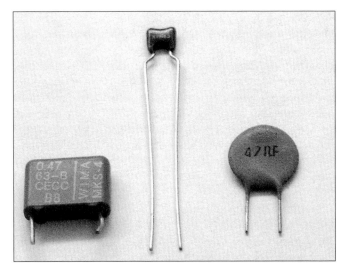

Typische Kondensatoren für den Einsatz im Modellbau

Entstörter Elektromotor

triebe-)Motoren zeitaufwendig und schwierig sein. Doch sollte diese Arbeit in jedem Fall konsequent und gewissenhaft durchgeführt werden, da von der Qualität der Entstörung die Zuverlässigkeit und Sicherheit des eigenen Schiffmodells abhängt.

Zur Kontrolle des Erfolgs der Entstörungsmaßnahmen wird der laufende Motor an die Antenne eines Transistorradios gehalten. Wenn nun bei eingeschaltetem Radio (möglichst Mittelwellensender einstellen) und laufendem Motor keine Knister-, Brumm oder sonstige Störgeräusche zu hören sind, wurde der Elektromotor erfolgreich entstört. Sollte dies jedoch nicht der Fall sein, und das kommt leider häufiger vor, als mir lieb ist, muss weitergelötet werden. Zuerst löte ich, salopp formuliert, die doppelte Portion an den Motor. Zum Einsatz kommen dann vier 10-nF- und zwei 47-nF-Kondensatoren. Auch hiernach erfolgt wieder eine Kontrolle mit dem Transistorradio. Bei einer hartnäckigen Störung kann der Motor auch durch ein zusätzliches Metallgehäuse abgeschirmt werden. Außerdem besteht die Möglichkeit, so genannte abgeschirmte Kabel zu verwenden. Eine weitere Alternative wäre, zwei Drosseln in die Stromleitungen des Motors zu schalten. Im Schiffsmodellbau ist das jedoch oftmals nicht möglich, da die Drosseln für den hohen Motorstrom ausgelegt sein müssen. Die Drosselspulen würden entsprechend groß und schwer ausfallen. Zusätzlich fällt an den Spulen immer Spannung ab, die dem Motor dann nicht mehr zur Verfügung steht.

Wie entstehen Funkstörungen?
Die Störungen entstehen durch den Aufbau des Elektromotors. Durch die Drehbewegung des Kollektors an den Bürsten entstehen elektrische Abreißfunken, wie man sie auch von Straßenbahnen oder E-Loks kennt und an den stromführenden Oberleitungen auch sehen kann. Diese Abreißfunken, beim Elektromotor auch Bürstenfeuer genannt, erzeugen hochfrequente Spannungen, die entweder über den Fahrtregler direkt zur Empfangsanlage gelangen oder über die Zuleitungen des Motors wie von einer Sendeantenne abgestrahlt werden. Nun ist auch verständlich, warum die sehr einfach aufgebauten Motoren recht starke Störer sind: Da die meisten dieser Motoren nur über einen dreipoligen Kollektor verfügen, ist das Bürstenfeuer natürlich wesentlich ausgeprägter als bei einem Motor, mit fünf-, sieben- oder gar zwölfpoligen Kollektor.

12. Vermeidung von Funkstörungen

Auch hier hat man Möglichkeiten, viele Ursachen von vornherein auszuschalten.

1. Die Zuleitungen zwischen Motor und Fahrtenregler sollten so kurz wie möglich sein. Falls dies baulich möglich ist, sollte der Fahrtregler in unmittelbarer Nähe zum Motor befestigt werden. Bei Fahrtreglern, die aus getrennten Steuer- und Leistungsteilen bestehen, sollte in jedem Fall das Leistungsteil in unmittelbarer Motorennähe untergebracht werden.
2. Der Empfänger sollte so weit entfernt vom Motor untergebracht werden, wie es die Einbauverhältnisse zulassen. Auch eine Unterbringung im Heck oder Bug ist möglich, selbst wenn es in den Bauplänen der Hersteller anders eingezeichnet ist. Sollte dann einmal ein Verbindungskabel für den Fahrtregler oder dem Servo nicht lang genug sein, kann dieses verlängert werden. Hierbei sollten dann aber Kabel gleicher Güte und Farbe verwendet werden, um Verwechslungen auszuschließen.
3. Auch mit der Empfangsantenne kann ein Störproblem umgangen werden. Es ist in jedem Fall darauf zu achten, dass sich das Antennenkabel nicht in der Nähe der Anschlussleitungen des Motors oder des Fahrtreglers befindet. Das Antennenkabel sollte auf kürzestem Weg aus dem Schiffsrumpf herausgeführt werden.
4. Alle Kabel sind sauber anzuschließen. Keine Kabelverbindung durch lose verdrillte Kabel oder mit Tesa oder Isolierband vornehmen. Bei Schraubverbindungen Wackelkontakte vermeiden. Die beste Lösung ist nach wie vor das Verlöten. Die Lötstelle wird mit Schrumpfschlauch isoliert.
5. Beim Einsatz von so genannten Soundmodulen sollte die Verbindung zum Lautsprecher mittels Koaxialkabel (abgeschirmtem Kabel) geschehen.

Wie kann ich feststellen, ob meine Empfangsanlage störungsfrei arbeitet?

Vor dem Einsatz eines Modells im Wasser sollte geprüft werden, ob die Empfangsanlage einwandfrei arbeitet. Zu diesem Zweck führt man einen so genannten Reichweitentest durch. Dabei sollte das Modell sich natürlich nicht im Wasser befinden. Auch sollte der Test nicht unbedingt auf dem eigenen Grundstück gemacht werden, da zwischen Häusern vermehrt Störfrequenzen auftreten können.

In der Regel kontrolliere ich meine Modelle am Vereinsgewässer. Dazu wird – wie üblich – zuerst der Sender und dann die Empfangsanlage eingeschaltet. Nun wird ein Helfer gebeten, das auf einem Ständer abgestellte Schiffsmodell (der Propeller muss frei drehen können) zu beobachten. Es wird nun abgesprochen, welche Funktionen per Sender angesteuert werden. Hier sollten klare Funktionen zu sehen sein. Servozittern oder plötzliches Anlaufen des Motors sind typische Indizien für einen gestörten Empfang. Nun kann mit dem Sender eine Strecke von etwa 150 bis 250 Meter (Luftlinie zum Modell) gegangen werden. Der Helfer beobachtet, ob die gesteuerten Befehle exakt umgesetzt werden. Wer auf größeren Gewässern weit hinaus fahren möchte, sollte eine vergleichbare Sendestrecke zuerst auf sicherem Boden testen. Dabei werden abgesprochene Funktionen klar erkennbar gesteuert. Sollte dieser Test erfolgreich verlaufen, hat sich die Entstörarbeit gelohnt und man kann das Schiffsmodell beruhigt die ersten Kreise auf dem Wasser ziehen lassen.

13. Fachbegriffe

A

Abkürzung für Stromstärke, die in Ampere gemessen wird.

Ah

Abkürzung für Amperestunden. Kapazitätsangabe bei Akkumulatoren

AM

Amplitudenmodulation

BEC

Battery Eliminator Circuit. Das BEC-System übernimmt die Stromversorgung der Empfangsanlage aus dem Fahrakku. Ein extra Empfängerakku ist dann nicht mehr nötig. Das BEC-System liefert der Empfangsanlage eine stabilisierte Spannung von ca. 5 Volt.

Decoder

Dient empfängerseitig zur Rückgewinnung von Signalen, die im Sender von einem Nautikmodul codiert wurden.

Dual Rate

Steuerweg-Umschaltung. Der Steuerweg kann am Sender umgeschaltet werden und damit schnell auf den jeweiligen Bedarf angepasst werden. Z. B. große Servowege für das Manövrieren mit geringer Fahrt und kleine Servowege für präzises Steuern bei hohen Geschwindigkeiten.

Fahrtregler mit BEC-System

Hierbei stellt der Fahrtregler über eine eingebaute Elektronik der gesamten Empfangsanlage Strom aus dem Fahrakku bereit. Ein separater Empfängerakku ist dann nicht notwendig. Dies ist platz-, gewichts- und kostensparend.

Failsafe-Funktion

Bei fehlenden Fernsteuerungssignalen oder bei Störungen greift das Failsafe ein und steuert eine zuvor programmierte Stellung an (z. B. Ruder neutral, Motor aus). Sobald korrekte Signale empfangen werden, lässt sich das Modell wieder steuern.

Festspannungsregler

Hiermit kann die Eingangsspannung (Voltzahl) eines Verbrauchers auf einen fest vorgegebenen Wert reduziert werden.

FM

Frequenzmodulation

Frequenzband

In unserem Fall: Ein für Modellbauer freigegebener Sendebereich für Fernsteuerungsanlagen. Für Schiffsmodelle ist das 27- und 40-MHz-Band vorgesehen.

Frequenzfahne

Wird an der Senderantenne befestigt und zeigt durch seine Farbe (braun für 27-MHz- und grün für 40-MHz-Band) das benutzte Frequenzband sowie in gut lesbaren Zahlen den belegten Kanal an.

Funkentstörung
Gesamtheit der Maßnahmen, um den HF-Störpegel im und um das Modell so weit zu senken, dass der einwandfreie Betrieb der Fernsteuerungsanlage gewährleistet ist.

HF
Abkürzung für Hochfrequenz

HF-Teil
Darin wird im Sender aus der Spannung des Senderakkus eine HF-Spannung erzeugt.

Hold-Funktion
Bei fehlenden Fernsteuerungssignalen oder bei Störungen wird die zuletzt korrekt empfangene Position festgehalten, um zu verhindern, dass sich angeschlossene Servos unkontrolliert bewegen.

Impuls
In unserem Fall: Ein Vorgang, dessen zeitlicher Verlauf sich durch eine physikalische Größe wie Spannung und Kraft beschreiben lässt. Die Grundlage der Digital-Fernsteuerung ist die Erzeugung, Verknüpfung und Auswertung von Rechteck-Impulsen.

JR-System
Stecker-Buchsen-System der Fernsteuerungsanlagen, die von Graupner vertrieben werden.

Kanäle
In unserem Fall: Anzahl der Funktionen, die mit einer RC-Anlage gesteuert werden können.

Kapazität
Elektrische Größe. Gibt das Fassungsvermögen für elektrische Ladungen an. Bei Akkus wird diese Größe in Ah gemessen.

Kondensator
Elektronisches Bauelement. Der Anwendungsbereich im Modellbau ist vielfältig, meist werden sie als so genannte Entstörkondensatoren an Elektromotoren eingesetzt.

Ladeschlussspannung
Je nach Akkutyp unterschiedlicher Wert, bei dem der Ladevorgang zu beenden ist (falls diese Aufgabe nicht ein Automatiklader übernimmt). Bei NiCd-Zellen beträgt der Wert 1,55 Volt (bei einem Viererpack in der Empfängerbox also $4 \times 1,55 = 6,20$ Volt). Bei Bleigelakkus liegt der Wert bei 2,4 Volt je Zelle. Somit wären es bei einem 6-Volt-Akku: 3 Zellen á 2,4 Volt gleich 7,20 Volt.

Linearservo
Früher gab es noch Linearservos. Im Unterschied zu den heutigen Drehservos konnten dort zwei Gestänge angeschlossen werden, die linear (also in einer Flucht) hin- und herbewegt wurden.

Memory-Effekt bei NiCd-Akkus
Ein NiCd-Akku sollte erst dann wieder aufgeladen werden, wenn er vollständig entleert wurde. Ansonsten können sich auf seiner negativen Elektrode Cadmium-Kristalle bilden. Der Akku merkt sich diesen unvollständigen Entladezustand und speichert ihn als leer! Tatsächlich ist aber unterhalb dieser Marke noch immer genug Kapazität vorhanden, nur kann sie nicht mehr genutzt werden. Bei weiteren unvollständigen Entlade-Zyklen nimmt dann die Leistungsfähigkeit der Batterie immer mehr ab. Um diesen Memory-Effekt zu vermeiden, sollten die NiCd-Zellen hin und wieder vollständig entladen werden. So verlängert sich die Lebensdauer des Akkus erheblich.

Memory-Effekt bei NiMH-Akkus
NiHM-Akkus bieten eine längere Standby-Zeit als NiCd-Zellen bei geringerem Gewicht und weisen einen deutlich reduzierten Memo-

ry-Effekt auf. Sie besitzen bei gleicher Größe und gleichem Gewicht eine wesentliche höhere Kapazität als NiCd-Akkus und sind mittlerweile mit ähnlich hohen Strömen belastbar. Die etwas höheren Anschaffungskosten sind also durchaus gerechtfertigt.

MHz
Sprich: Mega Hertz. Frequenzbänder werden in dieser Einheit angegeben.

Modulation
Im (Schiffs-)Modellbau werden RC-Anlagen mit AM- und FM-Modulation eingesetzt. In den Anfängerjahren wurden ausschließlich AM-Anlagen hergestellt, da sie relativ einfach aufgebaut sind. Heute setzt sich die zwar kompliziertere aber wesentlich störungsfreiere FM-Anlage durch.

Nautikmodul
Spaltet einen Kanal des Senders in bis zu 32 verschiedenen Funktionen. Viele Senderhersteller bieten Anlagen mit der Option an, zwei Nautikmodule einzubauen, was die Möglichkeit bietet, bis zu 64 Sonderfunktionen anzusteuern. Empfängerseitig muss beim Einsatz eines Nautikmoduls ein passender Decoder installiert sein.

Nautische Lichter
Das ist die komplette Schiffsbeleuchtung. Die rechte Seite eines Schiffs heißt Steuerbord. An dieser Seite wird eine grüne Positionslampe angebracht. Die linke Seite heißt Backbord. Dort wird die rote Positionslampe angebracht. Beide Seitenlichter haben einen Sichtwinkel von je 112° 30´. Das Topplicht ist weiß und hat einen Sichtwinkel (nach vorne genau über die Bootsmitte gemessen) von 225°. Das Hecklicht (zeigt nach hinten, auch hier wird über die Bootsmitte gemessen) ist ebenfalls weiß und hat einen Sichtwinkel von 135°. Zum einfacheren Lernen merke ich mir: Die Seitenlichter zusammen entsprechen dem Sichtwinkel des Topplichtes – also 225°. Das Topplicht und das Hecklicht entsprechen zusammen 360° – also einem Kreis. Wer sein

Modell so ausrüstet, kann auch bei Nachtfahrten immer wieder an den Farben erkennen, wohin sein Modell fährt.

Nennspannung
Angenommene Zellenspannung. Bei NiCd- oder NiHM-Zellen 1,2 Volt. Bei Bleiakkus 2,0 Volt pro Zelle.

NiCd-Akku
Nickel-Cadmium-Akku. Preisgünstige wiederaufladbare Akkus, die auch bei niedrigen Temperaturen (Minusgrade) noch eingesetzt werden können. Sie sollten jedoch regelmäßig bis zur Entladeschlussspannung entladen werden, um dem Memory-Effekt entgegenzuwirken.

NiHM-Akku
Nickel-Metall-Hydride-Akkus verfügen bei gleicher Bauform wie NiCd-Akkus über wesentlich höhere Kapazitäten. Sie haben keinen Memory-Effekt, sollten aber nur mit Ladegeräten mit speziellem NiMH-Ladeprogramm geladen werden.

Pb-Akku
Kurzbezeichnung für Bleiakku

PCM
Puls-Code-Modulation. Der analoge Wert der Steuerknüppel- und Schalterstellungen am Sender wird über einen Analog-/Digitalwandler je nach Hersteller in ein 8 bis 10 Bit langes Datenwort umgewandelt. Zusätzlich zur eigentlichen Steuerknüppel-Information sind in dem PCM-Signal so genannte Prüfbits enthalten. Der Mikrokontroller im Empfänger kann daher das ankommende Signal auf Richtigkeit prüfen und nur logische Befehle an die Servos weitergeben. Werden falsche Signale erkannt, erhalten die Servos immer wieder die zuletzt gültig empfangene Information, bis ein neuer, einwandfreier Code erkannt wird. PCM-Systeme zeichnen sich daher durch hohe Übertragungssicherheit aus.

PCM-DS

Auch für PCM-Anlagen gibt es so genannte Doppel-Superhet-Empfänger. Das heißt, dass der Empfänger eine Doppelkontrolle des Signals vollzieht. Doppel-Superhet-Empfänger sind besonders im Flugmodellbau sinnvoll. Für Schiffsmodelle sind sie eigentlich nicht notwendig und man kann sich die Mehrkosten in den allermeisten Fällen sparen.

Periphere Geräte

Diejenigen Geräte, die an den Empfänger angeschlossen werden. In der Regel sind dies Servos, Fahrtenregler, Soundgeneratoren oder Decoder.

PPM

Puls-Position-Modulation. Die jeweiligen Steuerknüppel- und Schalterstellungen der Fernsteuerungsanlage werden der Reihe nach abgetastet. Diese Informationen werden codiert und nacheinander an die Senderendstufe weitergeleitet.

Proportionalsteuerung

Die Stellgröße der Servos steht immer in einem bestimmten Verhältnis zur Steuerknüppelstellung am Sender. Beide Größen sind also proportional.

Quarz

Der Quarz im Sender und im Empfänger ist ein kleiner, schwingender und höchst empfindlicher Kristall. Er ist speziell geschliffen, um auf einer bestimmten Frequenz zu schwingen. Er sollte vor größeren Erschütterungen geschützt werden, um Beschädigungen zu vermeiden.

RC

Abkürzung für englisch Radio Control (= Funkfernsteuerung).

Rudermaschine

Rudermaschinen werden heute meist Servos genannt. Sie setzen die empfangenen Signale in Bewegungen um und bewegen beispielsweise das Ruder im Schiffsmodell.

RX

Ist häufig zur Kennzeichnung des Empfängerquarzes aufgedruckt. Das R steht für Receiver (= Empfänger).

Schaltkanal

Schaltet eine Funktion ein oder aus

Schrumpfschlauch

Isolierschlauch (Lötstellen) der sich beim Erhitzen zusammenzieht und sich dadurch dem Kabeldurchmesser anpasst.

Senderantenne

Strahlt die modulierte Hochfrequenz ab. Die Senderantenne ist meist als Teleskopantenne ausgeführt und ausgezogen etwa 1,50 Meter lang. Wem das zu lang ist, kann auch eine so genannte Wendelantenne einsetzen, die allerdings die Reichweite des Senders etwas reduziert.

Servo

Auch Rudermaschine genannt. Setzt die elektronischen Bewegungsimpulse in mechanische Bewegung um.

Servo Reverse

Die Drehrichtung des Servos kann bei vielen Sendern umgepolt werden.

Sonderfunktionen

Das sind all die Abläufe an und auf einem Schiff, die mit dem reinen Fahrbetrieb nichts zu tun haben, aber die Originalität des Bootes unterstreichen.

Soundmodul

Gibt über einen Lautsprecher im Schiffsmodell originalgetreue Töne wieder, z. B. Motorgeräusche, Nebelhorn, Sirene, Möwengeschrei, Ankerwinden, ...

SSM

Sinus-Schmalband-Modulation. Einige Hersteller bezeichnen ihre Anlagen mit AM-Modulation als SSM-Anlagen.

Stabantenne

Anstelle der Antennenlitze des Empfängers kann auch eine Stabantenne (aus federndem Stahldraht) am Modell angebracht werden. Um den Empfang nicht zu beeinträchtigen, sollte die Antennenlitze um die Länge der Stabantenne gekürzt werden, da der Empfänger auf eine bestimmte Gesamtlänge der Antenne abgestimmt ist.

Störung

Wird meist vom Skipper gerufen, wenn sein Schiffsmodell nicht mehr den Senderbefehlen gehorcht und eigenständig Funktionen ausführt. Hier ist dann auch für andere Schiffe höchste Not. Man sollte versuchen, von diesem Boot fernzubleiben. Störungen können vielerlei Ursachen haben, z. B. mechanische oder elektronische Defekte von Bauteilen, sowohl im Sender als auch im Empfänger. Meist sind Störungen jedoch vom Skipper „hausgemacht". Nicht entstörte Motoren, Kabelwirrwarr im Boot, falsch angeschlossene Stromverbraucher oder auch eine ungünstige Antennenverlegung sind häufige Ursachen von Störungen.

Throttle Trigger

Zweiseitig funktionierender Abzug zur Steuerung der Motorfunktion (vorwärts–stopp–rückwärts) an einem Pistolensender.

Trimmhebel

Dienen der Feinjustierung der Mittelstellung und befinden sich meist direkt neben den Knüppeln am Sender.

Trimmung

Hiermit wird die Mittelstellung einer Funktion eingestellt. Bei Schiffsmodellen wird beispielsweise die Ruderfunktion so getrimmt, dass das Modell beim Loslassen des Ruderknüppels am Sender einen geraden Kurs einhält.

TX

Diese Bezeichnung tragen Senderquarze – im Gegensatz zu RX für Empfängerquarze.

UHF

Abkürzung für englisch: Ultra high Frequency (= ultra hohe Frequenz). Hiermit ist das Frequenzband zwischen 300 und 3.000 MHz gemeint.

UHF-Fernsteuerungsanlage

Fernsteuerung, die im UHF-Bereich auf der Frequenz 433/434 MHz arbeitet. Die Fernsteuerungen wurden entwickelt, da das 27-MHz- und 40-MHz-Band in manchen Ländern bereits überfordert war. Mittlerweile nimmt man jedoch wieder Abstand von diesen Geräten.

Wendelantenne

Zum Austausch gegen die serienmäßige Teleskopantenne des Senders. Wer lieber mit kurzen Antennen arbeitet und nicht auf die maximale Reichweite der Fernsteuerung angewiesen ist, dem sei dieses Zubehör empfohlen.

Y-Kabel

Mit diesem Kabel können an einem Empfängerkanal zwei Servos angeschlossen werden, die die gleichen Bewegungen ausführen.

14. Schlusswort

Ich bin sicher, dass ich in diesem Buch die grundlegenden Fragen zur Auswahl der richtigen RC-Anlage ausführlich beantwortet habe.

Darüber hinaus habe ich auch eingehend alle Punkte angesprochen, die sich der Einsteiger in den Schiffsmodellbau vor dem Erwerb einer Fernsteuerung stellen sollte.

Wer diese Punkte beherzigt und danach vorgeht, wird sicherlich zu denen gehören, die aus den Erfahrungen anderer lernen und selbst kein Lehrgeld zahlen müssen.

Dies würde mich glücklich machen, denn dann hätte dieses Buch seinen Sinn und Zweck für diesen neuen Modellbaufreund erfüllt, und die Schar der aktiven Schiffsmodellbauer wäre wieder um einen zufriedenen Skipper gewachsen.

Willkommen im Club der Schiffsmodellbauer!

Siegfried Frohn

15. Herstellerverzeichnis

Conrad Electronic GmbH
Klaus-Conrad-Str. 1
92240 Hirschau
Tel.: 01 80/5 31 21 11
Fax: 01 80/5 31 21 10
Internet: www.conrad.de

Dr. Sommer Elektronik GmbH
Postfach 1155
41801 Erkelenz
Tel.: 0 24 31/97 22 22
Fax.: 0 24 31/97 22 23
Internet: www.sommer-electronic.de

ELV Elektronik AG
Maiburger Straße 32 - 36
26789 Leer
Tel.: 04 91/60 08 88
Fax: 04 91/70 16
Internet: www.elv.de

Graupner GmbH & Co. KG
Postfach 1242
73230 Kirchheim/Teck
Tel.: 0 70 21/72 2-0
Fax: 0 70 21/72 2-200
Internet: www.graupner.de

Krick Modelltechnik
Industriestraße 1
75438 Knittlingen
Tel.: 0 70 43/93 51-0
Fax: 0 70 43/3 18 38
Internet: www.krick-modell.de

Pollin Electronic GmbH
Max-Pollin-Str. 1
85104 Pförring
Tel.: 0 84 03/9 20-920
Fax: 0 84 03/9 20-123
Internet: www.pollin.de

robbe Modellsport GmbH & Co. KG
Postfach 1108
36352 Grebenhain
Tel.: 0 66 44/8 70
Fax: 0 66 44/74 12
Internet: www.robbe.de

Simprop electronic GmbH & Co. KG
Ostheide 5-7
33428 Harsewinkel
Tel.: 0 52 47/6 04 10
Fax: 0 52 47/6 04 15
Internet: www.simprop.de